环境微生物实验教程

Environmental Microbiology Experiment Tutorial

朱联东 等 编

化学工业出版社

·北京·

内 容 简 介

本书主要分为微生物实验室管理及操作要求和实验两大部分，其中第一部分介绍了微生物实验室管理及操作要求；第二部分为 5 章，每章 5 个实验，包括显微镜的使用及微生物形态观察、微生物分离纯化与培养保藏、环境微生物的培养、现代分子微生物学技术和环境微生物的应用。

本书内容由浅及深，实验的综合水平、研究水平、技术水平和应用水平逐渐提高，可供高等学校环境科学与工程、给排水工程及相关专业本科师生作为基础专业课实验教材使用，也可供从事微生物培养、环境微生物应用等的科研人员和管理人员参考。

图书在版编目（CIP）数据

环境微生物实验教程/朱联东等编 . —北京：化学
工业出版社，2022.9
ISBN 978-7-122-41575-2

Ⅰ.①环…　Ⅱ.①朱…　Ⅲ.①环境微生物学-实验-
高等学校-教材　Ⅳ.①X172-33

中国版本图书馆 CIP 数据核字（2022）第 094858 号

责任编辑：刘　婧　刘兴春　　　　　　装帧设计：史利平
责任校对：杜杏然

出版发行：化学工业出版社（北京市东城区青年湖南街 13 号　邮政编码 100011）
印　　装：北京科印技术咨询服务有限公司数码印刷分部
710mm×1000mm　1/16　印张 8¼　字数 145 千字　2022 年 10 月北京第 1 版第 1 次印刷

购书咨询：010-64518888　　　　　　售后服务：010-64518899
网　　址：http://www.cip.com.cn

前　言

实验是教学实践的重要组成部分，是提高学生动手能力及操作技能的主要教学形式。环境微生物学的研究对象是环境中的微生物，以微生物学的理论与技术为基础，研究自然环境中的微生物个体、群落结构与功能，研究微生物对不同环境中的物质转化以及能量变迁的作用与机理，进而考察其对环境质量的影响。同时，环境微生物学是一门实践性很强的学科，不仅需要掌握基本原理和操作技术，更重要的是有选择性地进行实践操作以及开展探究性实验技能训练。通过动手实践掌握环境微生物学实验的基本原理和操作技术，有助于提高学生独立思考、观察、分析以及解决问题的能力，达到将理论知识与教学实践相结合的目的。

《环境微生物实验教程》主要包括六章的内容，分别介绍了微生物实验室管理及操作要求、显微镜的使用及微生物形态观察、微生物分离纯化与培养保藏、环境微生物的培养、现代分子微生物学技术以及环境微生物的应用。实验部分的五章内容既有各自的特色又有其内在关联。针对一般环境微生物实验的教学要求，编者编写了基础的环境微生物实验，包括显微镜的使用、微生物细胞的染色、镜检及形态观察。无菌操作技术是环境微生物实验过程中最基本且最重要的操作，在培养基的配制与器皿的灭菌、微生物接种、纯培养和保藏过程中显得尤为突出，也为后续实验奠定了基础。环境微生物的培养需要掌握基本的微生物计数、生长特性以及化学消毒剂和培养条件对微生物生长的影响。同时，随着分子生物学的迅速发展，其在环境微生物中的研究得到了广泛关注。此外，环境微生物实验迫切需要创新科学实验手段的支持，因此本书增加了基础分子微生物实验，包括细菌真菌 DNA 的提取、凝胶电泳、 PCR 扩增、重组质粒的构建以及蓝白斑筛选实验，力求体现环境微生物学实验前沿性和创新性的特点。实验技术服务于实际应用，第五章设计了一些综合性的实验，体现环境微生物在环境治理中的应用，如微生物降解纤维素实验、淡水绿藻对重金属的吸附实验、苯酚降解菌的分离和性能测试实验以及固体废弃物的好氧堆肥处理等，旨在激发学生发现问题、提出问题，并提高分析问题和解决实际环境问题的能力，促进学生理论与实践的融会贯通、能力与素质的协调发展。本书内容由浅及深、由易到难、实验的综合水平、研究水平、技术水平和应用水平逐渐提高，结合微生物学、环境科学、环境工程等相关专业自身特点，努力实现学生在学习、掌握部分常用微生物实验基本操作的基础上，重点通过相关综合设计实验来达到提高实际操作能力的目的，可作为高等学校环境工程、环境科学、给排水和环境监测及相关专业本科生的基础环境微生物实验教材，也可为微生物专业研究人员和从事环境保护的科技人员提供参考。

本书由朱联东等编写，具体编写分工如下：微生物实验室管理及操作要求由朱联东和唐春明编写；实验一、实验三、实验五、实验八、实验十一、实验十三由朱联东和胡超珍编写；实验四、实验六由吕元飞编写；实验十二、实验十四、实验十五由尹志红编写；实验九、实验十六、实验十七、实验十八由刘东阳编写；实验十、实验二十一、实验二十四、实验二十五由宝剑锋编写；实验二、实验七、实验十九、实验二十、实验二十二、实验二十三由李双喜编写。

本书在编写过程中也参考了国内外相关优秀的实验教材和科研论文，在此表示感谢。由于编者理论与实践水平和编写时间的限制，书中疏漏和不妥之处在所难免，欢迎广大读者批评指正。

编者

2022 年 3 月

目 录

附录 ———————————————————————— 108

参考文献 ——————————————————————— 119

微生物实验室管理及操作要求

一、微生物实验室管理制度

1. 环境条件要求

① 实验室布局要合理，一般实验室应有准备间和无菌室，无菌室应有良好的通风条件，空气测试应达到无菌。

② 实验室墙壁和地面应当光滑和容易清洗，工作台面应保持水平，无渗漏现象。

③ 实验室桌柜等表面应收拾整洁，将仪器、试剂瓶摆放整齐；试剂瓶必须注明姓名和配制日期。定期用消毒液擦拭，杜绝污染，保持无尘。

④ 实验室内要保持清洁卫生，不得乱扔纸屑等杂物，测试用过的废弃物要倒在固定的箱筒内，并及时处理。

⑤ 实验室用品要摆放合理，有固定位置并井然有序，不得存放于实验室之外。

⑥ 实验室应采光良好，照明设施完善。

⑦ 实验室不得作为会议室及其他文娱活动和学习场所。

2. 实验室管理制度

① 实验室应制定仪器配备管理、使用制度，玻璃器皿管理、使用制度，药品管理、使用制度，并根据安全制度和环境条件的要求，实验室工作人员应严格遵守并认真执行以上制度。

② 实验室人员进入实验室必须穿工作服，进入无菌室应戴好口罩，换无菌衣、帽、鞋，严格执行安全操作规程。非实验室人员不得进入实验室。

③ 实验室内禁止吸烟、会客、进餐、大声喧哗，进入实验室不得带入私人物品，离开实验室时认真检查水、电、门窗等有关设施的关闭情况，确认安全无误方可离室。对于易燃、污染、有毒、有害、有腐蚀性的物品和废弃物品应按有关要求严格执行。

④ 实验室内仪器定期进行检查、保养、检修，试剂定期检查，并需要有明晰的标签，严禁在冰箱内存放和加工私人食品。

⑤ 实验室应建立各种器材请领消耗记录，贵重仪器要有使用记录，破损遗失应填写报告；药品、器材、菌种未批准不得私自拿出，不得擅自外借和转让。

⑥ 负责人严格执行实验室管理制度，出现问题立即报告，造成病原扩散等责任事故者，应视情节轻重追究（法律）责任。

3. 仪器配备管理、使用制度

① 微生物实验室应具备下列仪器：高压锅、离心机、超净台、振荡器、普通冰箱、低温冰箱、烘箱、冷冻干燥设备、厌氧培养设备、普通天平、千分之一天平、匀质器、恒温水浴箱、显微镜、菌落计数器、电位 pH 计、高速离心机、普通培养箱、光照培养箱、生化培养箱等。

② 实验室仪器安放合理，精密仪器不得随意移动，贵重仪器有专人负责保管，建立仪器档案，并备有操作方法、保养、维修、说明书及使用登记本。做到经常保养、维护和检查，若有损坏需要修理，不得私自拆动，应准备报告并通知管理人员，由管理人员同意填报修理申请，送仪器维修部门。

③ 实验室各种仪器（冰箱、温箱除外），使用完毕后要立即切断电源，旋钮复原归位，待仔细检查无误后，方可离去。

④ 实验室所使用的计量器具必须经计量部门检定合格方能使用，仪器、容器应保证准确可靠，符合标准要求。

⑤ 仪器设备一般应有仪器套罩，保持仪器设备清洁。

⑥ 实验室内一切仪器设备使用后按登记本的内容进行登记，未经设备管理人员同意，仪器不得外借。

⑦ 使用仪器时，应严格按操作规程进行，对违反操作规程或因管理不善致使仪器损坏，要对当事者进行追责。

4. 玻璃器皿管理、使用制度

① 根据测试项目的要求，申报玻璃仪器的采购计划，详细注明规格、产地、数量、要求。硬质中性玻璃仪器应经计量验证合格。

② 玻璃器皿使用前应除去污垢，并用 2% 的稀盐酸溶液或清洁液浸泡 24h 后，

用清水冲洗干净后备用。

③ 玻璃器皿使用后及时清洗，染菌后应严格进行高压灭菌，不得乱弃乱扔。

④ 大型器皿建立使用账目，每年清查一次，一般低值易耗器皿损坏后应及时填写损耗登记清单。

5. 药品管理、使用制度

① 依据检测任务，制定各种药品试剂采购计划，写清品名、纯度、单位、数量、包装规格和出厂日期等要求。领回后建立账目，专人管理，每半年清点剩余药品，并做出消耗表。

② 药品试剂陈列整齐，瓶签完整，放置有序，防潮避光，通风干燥，易燃、腐蚀性、挥发性药品单独贮存，剧毒药品加锁存放。

③ 领用药品试剂，需填写请领单，由使用人和负责人签字，任何人不得私自出借或馈送药品试剂。

④ 称取药品试剂应按操作规范进行，用后及时盖好，必要时可封口或用黑纸包裹，不使用过期或变质的药品。

6. 安全制度

① 实验室人员必须认真学习有关安全条例和安全技术操作规程，必要时参加专业培训。

② 进入实验室工作前，衣、帽、鞋必须穿戴整齐。工作服应经常清洗，保持整洁，必要时高压高温消毒。

③ 吸取药品和菌液应按无菌操作进行，严禁用口直接吸取，如发生菌液、病原体溅出容器外，应立即用有效消毒剂进行彻底消毒，安全处理后方可离开。

④ 在进行高压、干燥、消毒等工作时，实验人员不得擅自离开现场，应认真观察温度、时间，并进行及时监测。

⑤ 蒸馏易挥发、易燃液体时，不准直接加热，应置于水浴锅上进行，试验过程中如产生毒气，应在避毒柜内操作。

⑥ 实验完毕，及时清理实验现场，对染菌带毒物品进行消毒灭菌处理。

⑦ 工作完毕，用清水肥皂洗净双手，必要时可用新洁尔灭、过氧乙酸泡手，然后用水冲洗。

⑧ 每日最后离室人员要负责检查水、电、门窗等有关设施的关闭情况，确认安全无误，方可离室。

二、实验室技术操作要求

（一）无菌间使用要求

① 无菌间通向外面的窗户应为双层玻璃，并要密封，不得随意打开，并应设有与无菌间大小相应的缓冲间及推拉门，另设有 $0.5\sim0.7m^2$ 的小窗，以备进入无菌间后传递物品。

② 进入无菌间操作，处理和接种标本时，不得随意出入，如需要传递物品，可通过小窗传递。

③ 无菌间使用前后应将门关紧，打开紫外灯，如采用室内悬吊紫外灯消毒，需 30W 紫外灯，距离在 1.0m 处，照射时间不少于 30min。

④ 使用紫外灯时，应注意不得直接在紫外线下操作，以免引起损伤，使用完毕后应用酒精沾湿脱脂棉对工作台面进行清理，定期对工作台上方换气处进行清洁，以免灰尘堵塞。

⑤ 无菌间内应保持清洁，工作后用 2%～3%煤酚皂溶液消毒，擦拭工作台面。

⑥ 在无菌间内如需要安装空调，空调应有过滤装置。

（二）无菌操作要求

微生物实验室工作人员必须有严格的无菌观念。许多试验要求在无菌条件下进行，主要原因：一是保证工作人员安全，防止由于操作不当使得某些致病菌造成个人污染；二是防止试验操作中人为污染样品。

① 接种样品前，必须穿工作前经紫外线消毒后的专用工作服、帽及拖鞋，实验人员在进入无菌室前应用肥皂洗手，然后用 75%酒精棉球将手擦干净。

② 从包装中取出吸管时，吸管尖部不能触及包装外露部位，使用吸管接种样品于平皿或试管时，吸管尖部不能触及试管或平皿边。

③ 进行接种所用的吸管、平皿及培养基等必须经消毒灭菌；金属用具应高压灭菌或用 95%酒精点燃烧灼 3 次后使用；打开包装未使用完的器皿，不能放置后再使用。

④ 接种样品、转种细菌必须在酒精灯前操作，接种细菌或样品时，吸管从包装中取出后以及打开试管塞都要通过火焰消毒。

⑤ 吸管吸取菌液或样品时，用相应的橡皮头吸取，不得直接用口吸。

⑥ 接种环和接种针在接种细菌前应经火焰烧灼全部金属丝，必要时还要烧到环或针与杆的连接处，接种结核菌和烈性菌的接种环应在沸水中煮沸 5min，再经火焰烧灼。

（三）消毒灭菌要求

微生物检测用的金属用具、玻璃器皿及培养基、被污染和接种用的培养物等，必须经灭菌后方能使用。

1. 干热和湿热高压蒸汽灭菌

（1）灭菌前准备

① 需要灭菌的所有物品应清洗晾干，玻璃器皿如吸管、平皿需用纸包装严密，如用金属筒应将上面通气孔打开。

② 装有培养基的三角瓶塞，应用纸包好，试管盖好盖，注射器须将管芯抽出，用纱布包好。

（2）装放

① 干热灭菌器：装放物品不可过挤，且不能接触箱的四壁。

② 高压蒸气锅：灭菌物品分别包扎好后直接放入消毒筒内，物品之间不能过挤。

（3）设备检查

① 检查门的开关是否灵活，橡皮圈有无损坏，是否平整。

② 检查压力表蒸汽排尽时是否停留在零位，关好门和盖，通蒸汽或加热后，观察是否漏气，压力表与温度计所标示的状况是否吻合，管道有无堵塞。

③ 对有自动电子程序控制装置的灭菌器，使用前应检查规定的程序，检查是否存在异常。

（4）灭菌处理

1）干热灭菌法

此法适用于干热情况下，不损坏、不变质、不蒸发的物品，较常用于金属制品、玻璃器皿、陶瓷制品等的灭菌。

① 为防止附着在表面的污物炭化，器械器皿应清洗后再干烤。

② 灭菌时放置物品不能直接接触底和箱壁，物品之间不能过挤，要留有空隙。

③ 灭菌时将箱门关紧，接上电源，先将排气孔打开约 30min，排除灭菌器中的冷空气，温度升至 160℃，调节指示灯，维持 1.5～2h。

④ 灭菌完毕后或升温过程中需在 60℃ 以下才能打开箱门。

2）手提式高压锅或立式压力蒸汽灭菌器的使用

应按下列步骤进行：

① 对于手提式高压锅，先在主体内加入 3L 清水，对于立式高压锅，则加水 16L（若重复使用，应保证水量补足，水变混浊需更换）。

② 对于手提式压力锅，无软管或软管锈蚀破裂时不得使用，使用时应将顶盖上完好的排气管插入消毒桶内壁的方管中。

③ 将顶盖盖好拧紧，防止漏气；置灭菌器于火源上加热，立式压力锅通上电源，并打开顶盖上的排气阀释放冷气。

④ 在水沸腾后，排气 10～15min，关闭排气阀，使蒸汽压上升到规定要求，并维持规定时间（按灭菌物品性质与有关情况而定）。

⑤ 达到灭菌规定时间后，如为液体物品，应立即将锅去除热源，不要打开排气阀，待自然冷却，压力恢复至零，温度降到 60℃ 以下时再开盖取物，以防突然减压使液体剧烈沸腾或容器爆破。对需干燥的物品，可立即打开排气阀排出蒸汽，待压力恢复到零时，自然冷却至 60℃ 后开盖取物。

3）卧式压力锅蒸汽灭菌器的使用

按下列步骤进行：

① 将锅门关紧，打开进气阀，引入蒸汽预热夹层，同时使夹层内冷空气经阻气器自动排出。

② 夹层达到预定温度后，打开锅室进气阀，将蒸汽引入锅室，锅室内冷空气经锅室阻气器自动排出。

③ 待锅室达到规定的压力与温度时，调节进气阀，使之保持恒定。

④ 达到规定时间后，自然或人工降温至 60℃，再开门取物，不得快速排出蒸汽，以防突然降压，液体剧烈沸腾或容器爆破。

⑤ 使用自动程序控制式压力蒸汽灭菌器时，在放好物品关紧门后，应根据物品类别按动相应开关，以便按要求程序自动进行灭菌，灭菌时操作应严格按照厂家说明书进行，必须利用附设仪表记录温度与时间以备查。

（5）灭菌温度与时间

① 干热灭菌器灭菌温度 160℃，1.5～2h。

② 压力蒸汽灭菌锅灭菌温度与时间见表 0-1。

表 0-1 灭菌温度与时间

物品	灭菌时间/min	
	115℃	121℃
不含糖等耐热物质培养基	—	15
含糖类等不耐热培养基	15～20	—
染菌培养物	—	30
器械器皿	—	30

2. 间歇灭菌法

1）当某些物质经高压蒸汽灭菌容易被破坏时，可用间歇灭菌方法灭菌，该法利用不加压力的蒸汽灭菌。

① 将欲灭菌物品置于锅内，盖上顶盖，打开排水口，排尽器内余水。

② 关闭排水口，打开进气门，消毒 10～20min，时间根据需要而定。

③ 灭菌完毕后，关闭进气门，取出物品冷却至室温，放入 37℃ 恒温箱过夜，次日仍按上述方法消毒，如此 3 次即可达到灭菌目的。

2）血清凝固器使用方法

当培养基中含有血清或鸡蛋等特殊成分时，因高热会破坏其营养成分，故采用低温，既可使血清凝固，又可达到灭菌目的。

① 在使用该法灭菌的血清在等分装时，需严格遵守无菌操作，试管、平皿应经灭菌后使用。

② 将培养基按要求放置成斜面或高层状，加足水后，接上电源，升温 75～90℃，1h 灭菌，结束后放 37℃ 温箱过夜，再如此灭菌 3 次。

3）煮沸消毒

可用煮锅或煮沸消毒器，将水沸煮腾后再煮 5～15min，也可在水中加入 2% 的石炭酸煮沸 5min，或加入 0.02% 的甲醛 80℃ 煮 60min，但选用煮沸消毒的增效剂时，应注意其对物品的腐蚀性。

4）从灭菌器中取出的灭菌后的物品，按正常情况已属无菌，应仔细检查放置，以免再度污染。

① 启闭式容器，在取出时应将筛孔关闭。

② 物品取出时随即检查包装的完整性，若有破坏或棉塞脱掉，或包装有明显的水浸物品，不可作为无菌物品使用。取出的物品掉落在地或误放在不洁之处，或沾有水液，均视为受到污染，不可作为无菌物品使用。

③ 培养基或试剂等，应检查是否达到灭菌后的色泽或状态，未达到者应废弃。

④ 取出的每批合格灭菌物品，应记录灭菌品名、数量、温度、时间、操作者，标有灭菌日期及有效期限，存放于贮藏室或防尘柜内，严禁与未灭菌物品混放。

（四）培养基制备要求

培养基制备的质量将直接影响微生物生长。各种微生物对其营养要求不完全相同，培养目的也不同。

各种培养基制备要求如下：

① 使用前对要用的试剂药品应进行质量检验，根据培养基配方的成分按量称取，然后溶于蒸馏水中。

② 盛装培养基，使用洗净的中性硬质玻璃容器为好，不宜用铁、铜等容器。

③ 因在热或冷的情况下，培养基 pH 值有一定差异，pH 值测定要在其冷至室温时进行。当测定好时，按计算量加入碱或酸混匀后，应再测试一次。

④ 培养基需保持澄清，以便于观察细菌的生长情况。培养基加热煮沸后，可用脱脂棉花或绒布过滤，以除去沉淀物，必要时可用鸡蛋白澄清处理。所用琼脂条要预先洗净晾干后使用，避免因琼脂含杂质而影响透明度。

⑤ 培养基的灭菌既要达到完全灭菌目的，又要注意不因加热而降低其营养价值，一般 121℃、15min 即可，如含有不耐高热物质的培养基如糖类、血清、明胶等，则应采用低温灭菌或间歇法灭菌。

⑥ 每批培养基制备好后，应做无菌生长试验及所检菌株生长试验。如果是生化培养基，使用标准菌株接种培养，观察生化反应结果，呈正常反应后方可应用。

⑦ 培养基不应贮存过久，必要时可置于 4℃冰箱中存放。新购进的或存放过久的干燥培养基，在配制时也应测 pH 值，并根据产品说明书用量和方法使用。

⑧ 每批制备的培养基所用化学试剂、灭菌情况及菌株生长试验结果，制作人员等应做好记录，以备查询。

（五）有毒有菌污物处理要求

微生物实验所用实验器材、培养物等未经消毒处理，一律不得带出实验室。

① 经污染的培养材料及废弃物应放在严密的容器或铁丝筐内，并集中存放在指定地点，后统一进行高压灭菌处理。

② 染菌后的吸管，使用后放入 5％的煤酚皂溶液或石炭酸液中浸泡至少 24 h（消毒液体不得低于浸泡的高度），再经 121℃、30min 高压灭菌。

③ 进行烈性试验所穿的工作服、帽、口罩或被污染的工作服等，应先放入专用消毒袋内，经高压灭菌后方能洗涤。

④ 冲洗涂片、染色片的液体，一般可直接倒入下水道，烈性菌的冲洗液必须经高压灭菌后方可倒入下水道。染色的玻片放入 5％煤酚皂溶液中浸泡 24h 后，煮沸洗涤，做凝集试验用的玻片或平皿，必须高压灭菌后洗涤。

⑤ 经微生物污染的培养物，必须经 121℃、30min 高压灭菌。

⑥ 打碎的培养物，立即用 5％煤酚皂溶液或石炭酸液喷洒和浸泡被污染部位，浸泡 0.5h 后再擦拭干净。

（六）样品采集及处理要求

① 所采集的检验样品一定要具有代表性，采样时应首先对周围环境卫生状况

等进行详细调查，检查是否有污染源存在。

② 采样应注意无菌操作，容器和所用剪、刀、匙等用具也需灭菌方可使用，避免环境中微生物污染，不得使用煤酚皂溶液、新洁尔灭、酒精等消毒药物进行灭菌，更不能用含有此类消毒药物或抗生素类药物，以避免杀死样品中的微生物。

③ 样品采集后应立即送往实验室进行检验，送检过程中一般不超过 3h，如路程较远，可保存在 1～5℃ 环境中，如需冷冻者则在冻存状态下送检。

④ 实验室收到样品后，进行登记（数量、日期、样品名称、编号、送检单位等），观察样品的外观，若样品经过特殊高压、煮沸或其他方法杀菌，失去检验意义，或采样数量低于规定，可拒绝检验。

⑤ 对送检符合要求的样品，实验室收到后，应立即进行检验，检验条件不具备时，置样品于 4℃ 存放，留待后续及时检验。

⑥ 检验时，根据样品不同性状，进行适当处理。液体样品接种时，应充分混合均匀，按量吸取进行接种；固体样品，用灭菌刀剪取其不同部位共 25g，置于 225mL 灭菌生理盐水或其他溶液中，用均质器搅碎混匀后，按量吸取接种。

（七）样品检验、记录和报告的要求

① 检验室收到样品后，进行登记后应进行外观检验，符合检验要求后及时按照国家标准检验方法进行检验，检验过程中要负责、严谨、认真进行无菌操作，避免环境中微生物污染。

② 检验记录是出具检验报告书的依据，是进行科学研究和技术总结的原始资料，为保证样品检验工作的科学性和规范化，检验记录必须做到记录原始、真实，内容完整、齐全，书写清晰、整洁。

③ 样品检验过程中所用方法、出现的现象和结果等均要用文字写出检验纪录，以作为对结果分析、判定的依据，记录要求详细、清楚、真实、客观、不得涂改和伪造。

④ 检验员必须在实验过程中随时填写检验记录，不得提前或延后填写。禁止随意记录，然后再将数据转移到原始记录中。

⑤ 检验报告中不应有空项，如无内容可填时，应用"—"填充，以证明不是填写者疏忽遗漏。不能省略填写或简写。签名时不得只写姓或名。品名应按标准名称写全称。当内容与上项相同时，应重复抄写，不得用"〃"或"同上"表示。

第一章

显微镜的使用及
微生物形态观察

实验一

显微镜的结构、原理及操作方法

光学显微镜简称光镜，是利用光线照明使微小物体形成放大影像的仪器。目前使用的光镜种类繁多，外形和结构差别较大，有些类型的光镜有其特殊的用途，如暗视野显微镜、荧光显微镜、相差显微镜、倒置显微镜等，但其基本的构造和工作原理是相似的。一台普通光镜主要由机械系统和光学系统两部分构成，而光学系统则主要包括光源、反光镜、集光器、物镜和目镜等部件。光学显微镜是生物科学领域常用的仪器，它在细胞生物学、组织学、微生物学及其他有关学科的教学研究工作中有着极为广泛的用途，目前也已成为环境微生物领域最基本的仪器之一。

一、实验目的

① 熟悉光学显微镜的基本结构及工作原理。
② 掌握光学显微镜的使用方法及其保养维护。

二、实验原理

显微镜的成像是透镜成像光学原理。虽然物镜和目镜的结构复杂，但其作用都相当于一个凸透镜，被检物体放在物镜下方的 1～2 倍距之间，这时物镜后方形成一个倒立的放大实像，实像正好位于目镜的下焦距之内。通过目镜后形成一个放大的虚像，这个虚像通过调焦螺丝的调整使被检物体落在眼睛的明视距离处，这时所看到的物体最清晰。

显微镜的构造主要包括机械部分和光学系统两部分，具体结构示意见图 1-1。

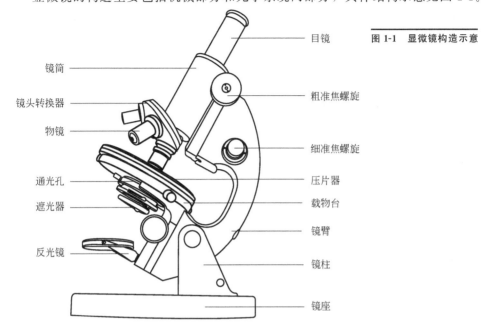

图 1-1 显微镜构造示意

1. 机械部分

（1）镜座与镜柱

镜座是显微镜底部马蹄形承重的金属，它使显微镜重心不倾倒。其上直立的短柱部分为镜柱。镜柱支持着镜臂和载物台。

（2）镜臂

为镜柱之上呈弯曲的部分，以便于持握。镜臂与镜柱之间一般有一个能活动的倾斜关节，可使镜身向后倾斜，便于观察。但在观察临时装片时，镜身不能倾斜，以免水从盖玻片下流出，容易把实验材料带走。最新出产的新式显微镜的镜筒已是倾斜的，因此不需要调整。

（3）镜筒

为镜臂上端的金属圆筒，其顶端安置目镜，下端连接镜头转换器，由物镜到目镜的光线由此通过。

（4）镜头转换器

是镜筒下端一个可旋转的圆盘。其上可安置数个接物镜，便于观察时换有不同倍数的物镜。

（5）载物台

是一个放置玻片标本的金属平板。其中央有一圆孔，叫镜台孔，以便下方的光线由此通过。镜台的左右两侧有两个固定标本用的弹簧压片夹，或者标本移动器，标本移动器既可固定载玻片，又可前后左右移动载玻片。有的标本移动器上还有标尺，可利用标尺上的刻度寻找所观察的标本位置。

（6）调焦螺旋

在镜臂的上端两侧装置有大小两种齿轮螺旋，分别称为粗调节器（粗准焦螺旋）、细调节器（细准焦螺旋），用以升降镜筒，调整物镜和观察材料间的距离，以求得清晰的物像。粗调节器升降镜头的幅度较大，约为 50mm，低倍镜观察标本时，用粗调节器调焦距。细调节器升降的幅度较小，为 1.8～2.2mm，由低倍镜转高倍镜观察时，用细调节器调焦距。精确地对准焦点，获得更清晰的物像。使用时，一般拧动不超过一圈。调焦螺旋是显微镜的一个重要部位，对不准焦就看不清被检视的物体。

2. 光学部分

光学部分包括照明系统和成像系统。前者由反光镜、集光器和虹彩光圈组成；后者由接物镜和接目镜组成。

（1）反光镜

反光镜为一圆形平、凹双面镜，位于显微镜的下方，接受外来光线并将光线反射到集光器。平面镜反光较弱，用于光线较强的情况。凹面镜反光较强，用于光线较弱的情况。反光镜的方向可以任意转动调节，便于收集来自任何方向的光线，以选择适合的镜面和适当的角度。

（2）集光器

集光器在载物台的下面，由二、三块凸透镜组成。作用是聚集来自反光镜的光线，使光线增强，射入镜筒中，并使整个物镜所包括的视野均匀受光，提高物镜的鉴别能力。所以在应用高倍镜时，必须配以集光器。

（3）虹彩光圈

虹彩光圈位于集光器下面，由许多金属片组成。推动能操纵光圈的调节杆，就可调节光圈的大小，使上面的光线强弱适宜，便于观察。

（4）接物镜（物镜）

接物镜（物镜）由数组透镜组成，可放大物体。透镜的直径越小，放大的倍数越高。每架显微镜均备有几个倍数不同的物镜，其上的放大率为 10× 的叫低倍镜、40× 以上的叫高倍镜、100× 以上的叫油镜。物镜是显微镜取得物像的主要部件。作用为聚集来自任何一点的光线和利用入射光对被检视的物体做第一次放大和造像。

每个物镜上通常标有表示物镜主要性能的参数。以 ×SB-01 型显微镜为例，10

倍物镜上标有 10/0.25 和 160/0.17。此处，10 为物镜的放大倍数（即 10×）；0.25 为数值孔径（即 N·AO·25）；160 为镜筒长度（mm）；0.17 为所要求的盖玻片厚度（mm）。

（5）接目镜（目镜）

接目镜（目镜）是一个金属的圆筒，上端装有一块较小的透镜，下端装有一块较大的透镜，其作用是将物镜所放大和鉴别了的物像进行再次放大。目镜内可附加指针和测微尺。每架显微镜常备有几个倍数不同的目镜，其上也刻有 5×、10× 和 12.5× 等放大率，显微镜的放大倍数即所用的目镜和物镜放大倍数乘积，放大倍数越高，视场面积越小。

三、实验仪器

仪器：显微镜。

四、实验步骤

显微镜的使用方法如下。

1. 安置镜座

将显微镜从镜箱中取出时，右手握住镜臂，左手平托镜座，轻轻放在桌上，使镜臂正对自己的左胸，距离桌子边缘几厘米处。

2. 对光

显微镜的光源一般用天然光源，也可用人工光源（日光灯或显微镜灯），但不能用直射日光。因直射日光不仅影响物像的清晰，损坏光源装置和镜头，而且会刺伤眼睛。对光时，首先将光圈的孔径调至最大，升高集光器与载物台同高，再将低倍镜对准通光孔。这时，一面把反光镜转向光源一面在目镜中观察，直到视野中的光线既明亮又均匀时为止。当光线过强时，宜用平面镜；光线过弱时，宜用凹面镜。对光后不要再移动显微镜，否则又需重新对光。

此外，在镜检全过程中，根据所需光线的强弱，还可通过扩大或缩小光圈、升降集光器和旋转反光镜来调节显微镜。

3. 调焦

光线对好后，就可将"上"字制片倒放在载物台上，有盖片的一面向上，"上"字对准圆孔正中，用压片夹压紧，或用标本移动器卡紧，开始调焦。先用低倍镜观察，因为低倍镜易于全面地观察材料和寻找材料中需要重点观察的部分。转动粗调节器，使载物台缓缓下降，这时必须由侧面仔细观察，直至物镜与盖玻片相距5mm以下时，再用左眼自目镜中观察，右眼也要睁开。这样，不仅便于绘图，而且眼睛也不易疲劳。同时转动粗调节器，使载物台缓缓上升（注意：转动调节器的方向切勿弄错，以免物镜与载玻片碰撞，既压碎玻片，又损伤镜头），直至看清标本物像。然后轻轻转动细调节器，以便得到更清晰的物像。

4. 观察

低倍镜下调准焦点找到物像，若光线不适，可拨动虹彩光圈调节杆，调节光线至物像最为清晰为止，再转换高倍物镜观察。注意：此时不可用粗调节器，以免压碎玻片并损伤镜头。由于显微镜下所观察的生物材料都是立体的，故在观察时必须随时转动细调节器，才能了解不同光学平面的情况。

用高倍镜观察后，若有必要，可以换用油镜头观察。但必须先滴香柏油在盖玻片上，再用粗调节器缓缓上升载物台，并从侧面观察，使油镜的顶端浸在油内。然后左眼从目镜中观察，同时转动细调节器使载物台缓缓上升，直到看清物像为止。油镜头用完后，转动粗调节器使载物台下降，用擦镜纸擦去油渍，再用体积比为3∶7的乙醇与乙醚溶液和擦镜纸擦干净。

5. 用毕复原

显微镜使用完毕，先将载物台降下，取下玻片，擦净载物台和物镜，并转动镜头转换器，将物镜从光孔挪开，并将载物台降到最低处，将显微镜收放好。

五、实验报告

简述镜臂、镜头转换器、调焦螺旋、虹彩光圈在显微镜中的部位及其功能。

六、注意事项

① 显微镜使用和存放地点应当是干燥、无灰尘、无酸、碱、氨水等有挥发腐蚀性气体的房内，不要靠近火炉，也不要放在直射日光下。

② 保持显微镜各部分的清洁。盖玻片外面和载玻片下面的水必须擦干才能放上载物台。载物台上若有水或药液，应立即擦干。

显微镜用完后，必须用软布揩擦金属部分。如透镜玷污，则必须用特制的擦镜纸或细绸布轻轻擦净，必要时可用少量乙醇与乙醚溶液擦拭，切勿用手触摸透镜，以免汗液玷污。更换目镜时动作要快，以免灰尘落入镜筒内部不易清除。

③ 观察材料必须先用低倍镜。当看完一个部分后还要看另一相距较远的部分时，也要换用低倍镜先找到物像后再用高倍镜观察。

④ 使用过程中如发生障碍，应立即报告，切勿随意拆卸。

七、思考题

① 相对于高倍镜，用油镜观察有哪些特殊效果？

② 使用油镜时必须注意哪些操作规范？

③ 影响光学显微镜分辨率的主要因素有哪些？

④ 使用显微镜时，如想要视野明亮，除了调节光源外还可采取哪些措施？

实验二

▶▶

微生物个体形态观察

　　微生物是个体微小的低等生物的总称，多数类型是肉眼不可见的。借助显微镜可以观察到微生物的个体形态和细胞结构。显微镜对于微生物学的研究者来说是不可或缺的工具之一。随着科学的发展，显微镜不仅能观察到细菌、放线菌和霉菌等微生物的细胞结构，还能观察到病毒的形态与构造。大多数日常观察和检验通常使用光学显微镜，了解微生物的个体形态和菌落培养特征有利于深入地认识微生物。

一、实验目的

　　① 熟悉典型细菌、放线菌、霉菌等个体的形态结构。
　　② 掌握利用显微镜观察细菌、放线菌、霉菌形态的方法。

二、实验原理

　　细菌细胞是无色透明的，在显微镜下，由于光源是自然光，菌体与其背景反差小，不易看清细菌的形态和结构，若增加其反差，细菌的形态就可看清楚了。通常用染料将菌体染上颜色以增加反差，便于观察。细菌细胞是由蛋白质、核酸等两性电解质及其他化合物组成的，所以细菌表现出两性电解质的性质。两性电解质有碱性基和酸性基，在酸性溶液中解离出碱性基团呈碱性，带正电；在碱性溶液中解离出酸性基团呈酸性，带负电。经测定，细菌等电点在 pH 值为 $2\sim5$，故在中性（pH＝7）、碱性的溶液中，细菌的等电点均低于上述溶液的 pH 值，所以细菌带负电荷，容易与带正电荷的碱性染料结合。碱性染料包括美蓝、甲基紫、结晶紫、龙胆紫、性品红、中性红、孔雀绿及番红等。

　　放线菌是指能形成分枝丝状体以菌丝体存在的一类单细胞原核微生物，广泛分布于含水量及有机质丰富的微碱性土壤中。放线菌的菌落形态特征为：干燥、不透明、表面呈致密丝绒状，上有一层彩色"干粉"。菌落与培养基连接紧密，难以挑取，菌落正反面颜色不一致，在菌落边缘的琼脂平板上有变形的现象，有泥土腥味。常见的放线菌大多能形成菌丝体，紧贴培养基表面或深入培养基内生长的叫营养菌丝（或称基内菌丝），生长在培养基表面的叫气生菌丝。有些放线菌只产生基内菌丝而无气生菌丝；有些气生菌丝分化成各种孢子丝，呈螺旋形、波浪形或分枝状等。孢子常呈圆形、椭圆形或杆状。气生菌丝及孢子的形状和颜色常作为分类的重要依据。和细菌的单染色一样，放线菌也可用石炭酸复红或吕氏碱性美蓝等染料着色后，在显微镜下观察其形态。玻璃纸具有半透膜特性，其透光性与载玻片基本相同，使放线菌生长在玻璃纸琼脂平皿上，然后剪取一小片长菌的玻璃纸，贴放在载玻片上，用显微镜即可观察到放线菌自然生长的个体形态。通过插片法和印片法还可以观察到放线菌营养菌丝及气生菌丝的特征、孢子丝的形态、孢子的排列方式及其形状。

　　霉菌菌丝直径一般比细菌和放线菌菌丝大几倍到十几倍，在低倍镜下即可清晰观察到有隔或无隔菌丝、孢子及巨大的孢子囊。霉菌的菌落形态较大，质地疏松，外观干燥，不透明，菌落与培养基间连接紧密，不易挑取，菌落正反面、边缘与中心的颜色、构造通常不一致，有霉味。霉菌在固体培养基上生长，其菌落呈棉絮状（毛霉）、蜘蛛网状（根霉）、绒毛状（曲霉）和地毯状（青霉）。霉菌的菌丝体由基内菌丝与气生菌丝组成。气生菌丝生长到一定阶段分化产生繁殖菌丝，由繁殖菌丝产生孢子。霉菌菌丝体（尤其是繁殖菌丝）、孢子的形态特征及菌落形态特征是其分类、鉴定的重要依据。在显微镜下见到的菌丝呈管状，有的没有横隔（如毛霉、根霉），有的有横隔将菌丝分割为多个细胞（如青霉、曲霉）。菌丝可分化出多种特化结构，如假根、足细胞等。观察时要注意菌丝的粗细、隔膜、特殊形态，以及无性孢子或有性孢子种类和着生方式，这些是鉴别霉菌的重要依据。

三、实验材料与仪器

　　（1）材料
二甲苯、香柏油、载玻片、盖玻片、大肠杆菌、金黄色葡萄球菌、细黄链霉菌、米曲霉菌标本片。
　　（2）仪器
显微镜。

四、实验步骤

1. 光学显微镜的使用方法

　　① 接通电源。
　　② 打开主开关。

③ 移动电压调节旋钮，使亮度适中。

④ 把标本固定在载物台上。

⑤ 放松粗调锁挡。

⑥ 用低倍物镜，旋转粗调和微控制钮来进行对焦。

⑦ 调节双目镜筒间距和视度差。

⑧ 适当调节照明度，使焦点正确地对准标本，锁紧粗调锁挡。

⑨ 调节孔径光阑。

⑩ 依次用低、中、高倍镜观察。

⑪ 使用油镜观察：操作与普通光学显微镜方法一致。

⑫ 观察完毕，复原。先将电压调节旋钮复原，关闭主开关，切断电源，放开粗调锁挡。油镜的处理与普通光学显微镜方法一致。

具体操作见实验一。

2. 微生物的形态观察

（1）球菌与杆菌的形态观察

分别取大肠杆菌和金黄色葡萄球菌标本片置于显微镜载物台上，用低倍镜、高倍镜和油镜观察，可看到细菌的杆状和球状形态，用铅笔绘出其形态图。

（2）霉菌的形态观察

取米曲霉菌标本片置于显微镜载物台上，用低倍镜、高倍镜和油镜观察，可看到米曲霉菌的菌丝和孢子形态，用铅笔绘出其形态图。

（3）放线菌的形态观察

取细黄链霉菌标本片置于显微镜载物台上，用低倍镜、高倍镜和油镜观察，可看到放线菌的菌丝和孢子形态，用铅笔绘出其形态图。

五、实验报告

绘制并说明你观察到的大肠杆菌、金黄色葡萄球菌、细黄链霉菌、米曲霉菌标本的形态特征。

六、注意事项

① 观察时，先用低倍镜找到适当的视野，再更换较高倍镜观察。

② 找到适当的视野后，在逐渐清晰的时候，应使用细准焦螺旋慢慢调节直至像变得清晰。

③ 高倍镜观察完毕后，用二甲苯擦去镜头上的香柏油。

七、思考题

① 油镜和普通物镜在使用方法上有何不同？应特别注意什么？

② 使用油镜时为什么必须用香柏油？

③ 镜检标本时，为什么先用低倍镜观察，而不是直接用高倍镜或油镜观察？

实验三

水体中藻类、原生动物及微型后生动物个体形态的观察

研究自然水体中微生物的生长、繁殖和代谢活动以及微生物之间的演替可以了解水体的水质状况。自然水体中藻类、原生动物及微型后生动物居多，说明水体自净程度高。原生动物对于污水的净化及处理具有一定的促进作用。进一步认识水体中的藻类、原生动物和微型后生动物的个体形态有利于区分不同活体微生物之间的差异以及深入了解淡水中微生物种类的多样性。因此对于水体中藻类、原生动物及微型后生动物个体形态的观察对于判断自然水体水质的变化具有重要意义。

一、实验目的

① 学会水体中藻类、原生动物及微型后生动物的采集方法。
② 观察水体中藻类、原生动物及微型后生动物个体形态，绘制其生物图。

二、实验原理

在自然水体中，存在着大量的藻类、原生动物及微型后生动物。相对于微藻，原生动物和微型后生动物的体形相对较大，在显微镜下比较容易将它们区分开来。

原生动物是一类不进行光合作用的、单细胞的真核微生物。原生动物的形态多种多样，有游泳型和固着型两种。游泳型的如漫游虫、盾纤虫等，固着型的如小口钟虫和大口钟虫等。钟虫的钟口盘状口区周围有一肿胀的镶边，其内缘着生三圈反时针旋转的纤毛。口盘与镶边均能向内收缩，自镶边内缘斜入体内，有一振动的波动膜。大核马蹄形，小核粒状。身体反口面的顶端有一长柄，用以附着它物，内有肌束，当虫体收缩时，也可螺旋状卷曲。

微型后生动物是多细胞的微型动物，常见的有轮虫、线虫等。轮虫形体微小，长约 0.04~2mm，多数不超过 0.5mm，身体为长形，分头部、躯干及尾部，头部有一个由 1~2 圈纤毛组成的、能转动的轮盘，形如车轮。

藻类是一类真核低等植物，广泛存在于各种水域和湿润土壤表面，在水库、池塘和海水，以及潮湿的岩石、树皮和墙壁上均可采集到。藻类的形态多种多样，有单个球状的，有球状排列成链或堆成团的，还有丝状体及其他形态。藻类分类的主

要依据是色素体构造、淀粉核有无及位置、游动孢子的鞭毛、眼点与收缩泡有无等；这些构造出现在藻类的不同发育阶段，在自然采集的样品中较难辨认。要准确地识别藻类需用纯培养体，且能观察其生活史的全过程。

几种常见藻类的形态构造如下。

（1）衣藻

单细胞，呈梨形，前端生有 2 根等长的鞭毛，能运动；细胞前端有红色眼点，旁边有 1 个伸缩泡。细胞后端有杯状叶绿体，体内有淀粉核。

（2）小球藻

单细胞，球形，常以 2～4 个同形细胞联成群体，具有带淀粉核的杯状叶绿体。

（3）硅藻

单细胞，长方盒形，细胞壁由 2 个藻瓣对半盖合而成，瓣面上有各种纹饰；胞内具有 1 个细胞核和多个色素体、脂肪粒。

三、实验材料与仪器

（1）材料
载玻片、盖玻片。
（2）仪器
25 号筛绢制成的浮游生物网、采水器、显微镜等。

四、实验步骤

1. 采样站点设置

站点的设置要有代表性，采到的浮游生物要能真正代表一个水体或一个水体不同区域的实际状况。在江河中，应在污染源附近及其上下游设站，以反映污染状况。在排污口下游则往往要多设站点，以反映不同距离受污染程度。对整个调查流域，必要时按适当间距设站。在较宽阔的河流中，河水横向混合较慢，往往需要在近岸的左右两边设站。受潮汐影响的河流，涨潮时，污水有时向上游回溯，设点时也应考虑。在湖泊或水库中，若水体是圆形或接近圆形的，则应从此岸至彼岸至少设 2 个互相垂直的采样断面。若是狭长的水域，则至少应设 3 个互相平行、间隔均匀的断面。第一个断面设在排污口附近，第二个断面在中间，第三个断面在靠近出口处。如若有浮游生物历史资料的，拟设的站点应包括过去的采样点，才便于与过去的资料作比较。在非污染区设对照点很重要。在一个水体里，要在非污染区设置对照采样点，如若整个水体均受污染，则往往需在邻近找一非污染的类似水体设点作为对照，在整理调查结果时可以比较。

2. 采样深度

浮游生物在水体中不仅在水平分布上有差异，在垂直分布上也有不同。若只采集表层水样就不能代表整个水层浮游生物的实际情况。因此，要根据各种水体的具体情况采取不同的取样层次。如在湖泊和水库中，水深 5m 以内的，可在水表面以下 0.5m、1m、2m、3m 和 4m 5 个水层采样，混合搅匀，从其中取定量水样。水深 2m 以内的仅在 0.5m 左右深处采集亚表层水样即可。深水水体可按 3～6m 间距设置采样层次。变温层以下的水层，由于缺少光线，浮游植物数量不多，浮游动物数量也很少，可适当少采样。在江河中，由于水不断流动，上下层混合较快，采集水面以下 0.5m 左右亚表层或在下层加采一次，两次混合即可。

3. 采样量

采样量要根据浮游生物的密度和研究的需要量而定。一般原则是：浮游生物密度高，采水量可少；密度低采水量则要多。常用于浮游动物计数的采水量：对藻类、原生动物和轮虫，以 1L 为宜；对甲壳动物则要 10～50L，并通过 25 号网过滤浓缩。若要测定藻类叶绿素和干重等，则需另外采样。

采集定性标本，小型浮游生物用 25 号网，大型浮游生物用 13 号网，在表层至 0.5m 深处捞取 1～3min，或在水中拖 1.5～5.0m^3 水的体积。

4. 采样频率

浮游生物采样一般在春秋两季进行，若要了解浮游生物周年的变化，则一年四季都要采样，甚至每月、每周采样。根据排污状况，必要时可随时增加采样次数。

5. 观察及绘图

观察采集到的标本，观察其个体形态，绘制生物图。

五、实验报告

① 绘图记录在不同放大倍数下的观察结果。
② 描述不同水生微生物形态的差异。

六、注意事项

① 在盖上盖玻片时，载玻片上的水样和染液要适量，且盖玻片要先倾斜、后

逐步转化为水平，以免气泡的产生。

② 在观察多细胞藻类时，不能只取表层水样制片，且载玻片一般使用凹玻片。

③ 有些游泳型原生动物的运动较快，观察时可用麻醉剂进行适度麻醉，但添加剂量不能过多，以免微生物形态发生变化，影响观察。

七、思考题

① 为什么要观察不同深度的水样中的藻类、原生动物和微型后生动物？

② 试解释浮游生物器捕获水中微生物的工作原理。

实验四

常用染色液的配制及微生物染色

微生物（尤其是细菌）形体微小且透明，在光学显微镜下观察细胞的形态时，菌体和背景没有明显的明暗差，很难观察细胞形态和结构的变化，所以需要将微生物进行染色，借助颜色的反衬作用，可以清晰地观察微生物形态。微生物的染色液的配制及染色作为微生物实验的重要部分，通过染色能够更加直观、具体地认识微生物的形态和结构。

一、实验目的

① 了解常用的染色液的配制。
② 掌握几种常用微生物染料的染色方法。

二、实验原理

微生物染色的基本原理是由于物理和化学因素的作用。物理因素如细胞及细胞物质对染料的毛细、渗透、吸附作用等。化学因素则是根据细胞物质和染料的不同性质发生的化学反应。酸性物质较易吸附碱性染料，吸附作用稳固；同样的，碱性物质较易吸附酸性染料。

三、实验材料与仪器

（1）材料
结晶紫、95%乙醇、草酸铵、氢氧化钠、碘化钾、碘、番红、浓盐酸、氯化铁、丹宁酸、15%甲醛溶液、硝酸银、氢氧化铵溶液、2%刚果红染液、沙黄。
（2）仪器
酒精灯、移液枪、天平。

四、实验步骤

（一）革兰氏染色法

1. 染色液的配制

（1）结晶紫染色液

将 1.0g 结晶紫溶解于 20mL 95％乙醇中，然后与 80mL 1％草酸铵溶液混合。

（2）革兰氏碘液

将 1.0g 碘与 2.0g 碘化钾进行混合，加入蒸馏水少许，充分振摇，待完全溶解后再加蒸馏水至 300mL。

（3）番红染色液

将 2.5g 番红和 100mL 95％乙醇溶解后可贮存于密闭的棕色瓶中，用时取 20mL 番红乙醇混合液与 80mL 蒸馏水混匀即可。

2. 染色法

（1）初染

将涂片在火焰上固定，滴加结晶紫染色液，染 1～2min，水洗。

（2）媒染

滴加革兰氏碘液，作用 1min，水洗。

（3）脱色

将玻璃片倾斜，用滴管滴加 95％乙醇脱色，直至流出的乙醇无色，立即水洗。

（4）复染

滴加番红染色液，复染 2min。水洗，自然晾干，镜检。

（5）观察

革兰氏阳性菌呈紫色，革兰氏阴性菌呈红色。

（二）硝酸银染色法（细菌鞭毛染色法）

1. 染色液的配制

① A 液：将 5.0g 丹宁酸和 1.5g 氯化铁溶于 100mL 蒸馏水中，溶解后加入 1mL 1％氢氧化钠溶液和 2mL 15％甲醛溶液。

② B 液：将 2.0g 硝酸银溶于 100mL 蒸馏水中。

③ 取 10mL B 液待用。在剩余 90mL B 液中缓慢滴加浓氢氧化铵溶液，直到出

现沉淀，继续滴加使其变为澄清，然后用 10mL B 液滴加至澄清液中，至出现轻微雾状为止。

注：染液当天配制，当天使用。

2. 染色法

① 在风干的载玻片上滴加 A 液，染色 3～6min 后，用蒸馏水轻轻冲净。

② 加 B 液洗去残余水分，再滴加 B 液加热至冒汽，维持约 1min（加热时注意勿出现干燥面）。当菌面出现褐色时，停止加热，用蒸馏水冲净，干后镜检。

③ 观察：菌体呈深褐色，鞭毛呈褐色，通常呈波浪形。

（三）刚果红染色法（细菌荚膜染色法）

1. 染色液的配置

准确称取刚果红 2.0g，加入适量蒸馏水溶解，用容量瓶定容至 100mL。

2. 染色法

（1）染色

用接种环取一环 2％刚果红染液于洁净的载玻片中央，在无菌操作条件下，取少量菌体与玻片上的刚果红染液混合均匀，涂成薄薄的菌膜，然后滴加 3％盐酸酒精，自然晾干后进行镜检。

（2）观察

菌体呈浅蓝色，背景呈蓝色，荚膜呈无色透明状。

（四）柯氏染色法（布鲁氏菌染色方法）

1. 染色液的配制

（1）结晶紫染色液

将 1.0g 结晶紫溶解于乙醇中，然后与 80mL 草酸铵溶液混合。

（2）革兰碘液

将 1.0g 碘与 2.0g 碘化钾进行混合，加入蒸馏水少许，充分振摇，待完全溶解后，再加蒸馏水至 300mL。

（3）沙黄复染色液

将 0.3g 沙黄溶解于 10mL 乙醇中，然后用 90mL 蒸馏水稀释。

2. 染色法

① 将涂片在火焰上固定，滴加结晶紫色液，染 1min，水洗。

② 滴加革兰碘液。作用 1min，水洗。

③ 将 95% 乙醇滴满整个涂片，立即倾去，再用乙醇滴满整个涂片，脱色 10 s。

④ 水洗，滴加复染液，复染 1min。水洗，待干，镜检。

⑤ 观察：布氏杆菌呈红色，其他细菌及细胞呈绿色。

五、实验报告

请详细描述染色液的配制过程，记录染色效果图。

六、注意事项

① 为了实验安全和身体健康，请穿实验服并佩戴一次性手套操作。

② 涂片不宜过厚，以免脱色不完全造成假阳性。

七、思考题

① 酵母菌能进行染色吗？为什么？

② 各种染色液分别适用于哪种微生物？有什么优缺点？

③ 常规的革兰氏染色程序有无改进措施？

实验五

微生物革兰氏染色法

革兰氏染色是认识微生物和微生物检验最常用、最基本的方法，也是初步鉴别微生物的方法，还是最经典的微生物染色方法。革兰氏染色是各细菌实验室经常使用而不可缺少的细菌染色方法和检验技术之一，通过革兰氏染色可将细菌分为革兰氏阳性和阴性两种细菌，不仅为分类鉴定提供依据，而且能指导临床用药。因此，在微生物实验教学中革兰氏染色法是每个学生必须掌握的实验技能。

一、实验目的

了解革兰氏染色的原理，学习并掌握革兰氏染色的方法。

二、实验原理

革兰氏染色反应是细菌分类和鉴定的重要依据。它是 1884 年由丹麦医师 Christain Gram 创立的一种细菌分类和鉴定的重要染色方法。革兰氏染色法 (Gram stain) 不仅能观察到细菌的形态而且还可将所有细菌区分为两大类：染色反应呈蓝紫色的称为革兰氏阳性细菌，用 G^+ 表示；染色反应呈红色（复染颜色）的称为革兰氏阴性细菌，用 G^- 表示。细菌对革兰氏染色的不同反应，是由它们细胞壁的成分和结构不同而造成的。革兰氏阳性细菌的细胞壁主要是由肽聚糖形成的网状结构组成的，在染色过程中，当用乙醇处理时，由于脱水而引起网状结构中的孔径变小，通透性降低，也不含脂，因此结晶紫-碘复合物被保留在细胞内而不易脱色，呈现蓝紫色；革兰氏阴性细菌的细胞壁中肽聚糖含量低，而脂类物质含量高，当用乙醇处理时，脂类物质溶解，细胞壁的通透性增加，使结晶紫-碘复合物易被乙醇抽出而脱色，随后又被染上了复染液（番红）的颜色，因此呈现红色。

革兰氏染色需用 4 种不同的溶液，即初染液（basic dye）、媒染剂（mordant）、脱色剂（decolorizing agent）和复染液（counterstain）。与细菌的单染色法基本原理中所述初染液的作用类似，用于革兰染色液的碱性染料一般是结晶紫（crystal violet）。媒染剂的作用是增加染料和细胞之间的亲和性或附着力，即以某种方式帮助染料固定在细胞上，使其不易脱落，碘（iodine）是常用的媒染剂。脱色剂是将被染色的细胞进行脱色，不同类型的细胞脱色反应不同，有的能被脱色，有的则不能，脱色剂常用95％的酒精。复染液也是一种碱性染料，其颜色不同于初染液，复染的目的是使被脱色的细胞染上不同于初染液的颜色，而未被脱色的细胞仍然保持初染的颜色，从而将细胞区分成 G^+ 和 G^- 两大类群，常用的复染液是番红染色液。

三、实验材料与仪器

（1）材料
大肠杆菌、枯草芽孢杆菌、金黄色葡萄球菌、革兰氏染色液。
（2）仪器
显微镜、酒精灯、接种环、盖玻片、载玻片、染色缸。

四、实验步骤

1. 涂片

滴一小滴生理盐水于载玻片正中，将培养14~16h的枯草芽孢杆菌和培养24h的大肠杆菌挑取少许分别作涂片（注意涂片切不可过于浓厚），干燥、固定。固定时通过火焰1~2次即可，不可过热，以载玻片不烫手为宜。

2. 染色

（1）初染
加草酸铵结晶紫一滴，约1min，水洗。
（2）媒染
滴加碘液冲去残水，并覆盖约1min，水洗。
（3）脱色
将载玻片上面的水用吸水纸吸净，并衬以白背景，用95％酒精滴洗至流出酒精刚刚不出现紫色时为止，为20~30s，立即用水冲净酒精。
（4）复染
用番红染液染1~2min，水洗。
（5）镜检
干燥后，置40×物镜下观察。革兰氏阴性菌呈红色，革兰氏阳性菌呈紫色。以分散开的细菌的革兰氏染色反应为准，过于密集的细菌常常呈假阳性。
同样在一载玻片上以大肠杆菌与培养24h的金黄色葡萄球菌混合制片，作革兰氏染色对比。革兰氏染色的关键在于严格掌握酒精脱色程度，如脱色过度，则阳性菌可被误染为阴性菌；而脱色不够时，阴性菌可被误染为阳性菌。此外，菌龄也会影响染色结果，如阳性菌培养时间过长，或已死亡及部分菌自行溶解了，都常呈阴性反应。

五、实验报告

在你所做的革兰氏染色制片中，大肠杆菌和枯草芽孢杆菌各染成何色？它们是革兰氏阴性菌还是革兰氏阳性菌？

六、注意事项

① 微生物的培养时间一般以 16～24h 为宜，不要超过 30h。

② 对未知微生物菌种进行鉴定时，必须要用革兰氏阴性菌和革兰氏阳性菌作为对照。

③ 脱色是革兰氏染色的关键步骤、必须严格掌握乙醇的脱色程度。如果脱色过度则阳性菌被误染为阴性菌，而脱色不够时阴性菌被误染为阳性菌。

七、思考题

① 做革兰氏染色涂片为什么不能过于浓厚？其染色成败的关键一步是什么？

② 当你对一株未知菌进行革兰氏染色时，怎样能确证你的染色技术操作正确，结果可靠？

③ 染色过程对染色结果有何影响（如脱色时间对染色结果的影响等)？

第二章

微生物分离纯化与培养保藏

实验六

微生物培养基的配制

　　微生物培养基是供微生物生长、繁殖和代谢的混合养料，根据实验目的和微生物种类的不同，微生物培养基有很多种类和配制方法。但从原料的营养角度分析，微生物培养基中一般含有微生物所必需的水分、碳源、氮源、无机盐和生长因子等成分。本实验主要讲解细菌、真菌、放线菌和微藻等微生物培养基的配制原理及方法，为后续的实验操作提供基础方法。

一、实验目的

　　① 了解细菌、真菌、放线菌和微藻等微生物培养基的类型。
　　② 学习和掌握培养基的主要成分及配制方法。

二、实验原理

　　培养基是人工配制的适合微生物生长繁殖或积累代谢产物的营养基质，用来培养、分离鉴定和保存微生物或获取代谢产物。牛肉膏蛋白胨培养基是一种应用最广泛的基础细菌培养基，其中牛肉膏为微生物提供碳源、能源、磷酸盐和维生素，蛋白胨主要提供氮源和维生素，氯化钠提供无机盐。马铃薯葡萄糖琼脂培养基是用于分离和培养霉菌、蘑菇等真菌的常用培养基，其中马铃薯浸出粉有助于霉菌的生长、葡萄糖提供能源来源、琼脂作为培养基的凝固剂、氯霉素可抑制细菌的生长。

高氏一号培养基是用来培养和观察放线菌形态特征的合成培养基，如果加入适量的抗菌药物，则可用来分离放线菌。BG11 培养基也称蓝绿培养基，是蓝绿微藻培养基，用于培养淡水微藻和原生动物。

三、实验材料与器具

（1）材料

牛肉膏蛋白胨培养基（牛肉膏、蛋白胨、NaCl）、马铃薯葡萄糖琼脂培养基（土豆、葡萄糖、琼脂）、高氏一号培养基（可溶性淀粉、NaCl、KNO_3、$K_2HPO_4 \cdot 3H_2O$、$MgSO_4 \cdot 7H_2O$、琼脂、蒸馏水）、BG11 培养基〔柠檬酸、柠檬酸铁铵、$EDTANa_2$、$NaNO_3$、K_2HPO_4、$MgSO_4 \cdot 7H_2O$（$MgSO_4$）、$CaCl_2 \cdot 2H_2O$（$CaCl_2$）、Na_2CO_3、H_3BO_4、$ZnSO_4 \cdot 4H_2O$、$MnCl_2 \cdot 4H_2O$、$CuSO_4 \cdot 5H_2O$、$Na_2MoO_4 \cdot 2H_2O$、$Co(NO_3)_2 \cdot 6H_2O$〕。

（2）器具

电炉、试管、三角瓶、烧杯、量筒、烧瓶、玻璃棒、分装器、天平、牛角匙、高压蒸汽灭菌锅、pH 试纸、棉花、培养皿、电烘箱、注射器。

四、实验步骤

1. 牛肉膏蛋白胨培养基

① 称取 5.0g 牛肉膏、10.0g 蛋白胨，加 50mL 蒸馏水于 100mL 小烧杯中，置于电炉搅拌加热至牛肉膏和蛋白胨完全溶解。

② 向小铝锅中加入 500mL 蒸馏水，将溶解的牛肉膏、蛋白胨倒入铝锅中并用蒸馏水洗 2～3 次。加入 5.0g NaCl，在电炉上边加热边搅拌。

③ 加入琼脂粉，继续搅拌，加热至琼脂完全溶解，补足水量至 1000mL。

④ 用玻璃棒沾少许液体，用 pH 试纸测定 pH 值。用 NaOH 或 HCl 调 pH 值至 7.0。

⑤ 用分装漏斗分装于 10mm×180mm 试管中，塞好棉塞，装入小铁丝筐，然后用旧报纸将棉塞部分包好。

⑥ 将培养基等物品放入高压蒸汽灭菌锅，在 0.1MPa、121℃ 的条件下灭菌 20min。

2. 马铃薯葡萄糖琼脂培养基

① 称取 200g 去皮土豆，将土豆切成小块放入锅中，加蒸馏水 1000mL，在加

热器上加热至沸腾，维持 20～30min，用 2 层纱布趁热在量杯上过滤，滤液补充水分至 1000mL。

② 把滤液放入锅中，加入葡萄糖 20g，琼脂 15～20g，然后放在石棉网上，小火加热，用玻璃棒不断搅拌，防止琼脂糊底或溢出，待琼脂完全溶解后，再补充水分至所需量。

③ 将配制的培养基分装入试管或 500mL 三角瓶内。分装时可用三角漏斗以免培养基沾在管口或瓶口上造成污染。

④ 培养基分装完毕后，在试管口或三角烧瓶口上塞上棉塞（或泡沫塑料塞或试管帽等），以阻止外界微生物进入培养基内造成污染，并保证有良好的通气性。

⑤ 加塞后，将全部试管用麻绳或橡皮筋捆好，再在棉塞外包一层牛皮纸，以防止灭菌时冷凝水润湿棉塞，其外再用一道线绳或橡皮筋扎好，用记号笔注明培养基名称、组别、配制日期。

3. 高氏一号培养基（淀粉琼脂培养基）

高氏一号培养基配方见表 2-1。

表 2-1　高氏一号培养基配方（pH＝7.4～7.6）

试剂名称	试剂量
可溶性淀粉	20g
NaCl	0.5g
KNO_3	1.0g
$K_2HPO_4 \cdot 3H_2O$	0.5g
$MgSO_4 \cdot 7H_2O$	0.5g
$FeSO_4 \cdot 7H_2O$	0.01g
琼脂	15～25g
蒸馏水	1000mL

注：为防止无机盐相互作用产生沉淀，混合培养成分时要严格按照配方的顺序依次溶解各成分。

（1）称量和溶化

先称取 20g 可溶性淀粉，放入小烧杯中，并用少量冷水将淀粉调成糊状，再加入少于所需水量的沸水，继续加热，使可溶性淀粉完全溶化。然后再称取其他各成分，并依次溶化，对微量成分 $FeSO_4 \cdot 7H_2O$ 可先配成高浓度的贮备液，按比例换算后再加入。待所有试剂完全溶解后，补充水分到所需的总体积。配制固体培养基时，将称好的琼脂放入已溶的试剂中，再加热溶化，最后补充所损失的水分。

（2）调 pH 值

用试纸测培养基的原始 pH 值，如果偏酸，用滴管向培养基中加入 1mol/L

NaOH，边滴边搅拌，并随时用 pH 试纸测其 pH 值，直至 pH 值达 7.4～7.6。反之，用 1mol/L HCl 进行调节。

（3）分装和加塞

将配制的培养基分装入试管内，在试管口或锥形瓶口上塞上棉塞。

（4）包扎

加塞后，将全部试管用麻绳捆好，再在棉塞外包一层牛皮纸，其外再用一根麻绳扎好。用记号笔注明培养基名称、组别、配制日期。

（5）灭菌

将上述培养基放入高压蒸汽灭菌锅，在 0.1MPa、121℃的条件下灭菌 20min。

（6）搁置斜面

将灭菌的试管培养基冷却至 50℃左右，将试管口端搁在玻璃棒上。斜面的斜度要适当，使斜面的长度约为管长 1/3。

4. BG11 培养基

BG11 液体培养基母液成分见表 2-2。

表 2-2　BG11 液体培养基母液成分

母液		质量	备注
母液 1	柠檬酸	0.300g	定容至 100mL
	柠檬酸铁铵	0.300g	（现配现用）
	$EDTANa_2$	0.050g	
母液 2	$NaNO_3$	30.000g	定容至 1000mL
	K_2HPO_4	0.800g	
	$MgSO_4 \cdot 7H_2O$	1.500g	（一个月换一次）
	$(MgSO_4)$	(0.732g)	
母液 3	$CaCl_2 \cdot 2H_2O$	1.800g	定容至 100mL
	$(CaCl_2)$	(1.341g)	
母液 4	Na_2CO_3	2.000g	定容至 100mL
母液 5	H_3BO_4	2.860g	定容至 1000mL
	$ZnSO_4 \cdot 4H_2O$	0.222g	
	$MnCl_2 \cdot 4H_2O$	1.810g	
	$CuSO_4 \cdot 5H_2O$	0.079g	（一个月换一次）
	$Na_2MoO_4 \cdot 2H_2O$	0.390g	
	$Co(NO_3)_2 \cdot 6H_2O$	0.049g	

BG11 液体培养基配置：母液 1　　2mL
母液 2　　50mL
母液 3　　2mL
母液 4　　1mL
母液 5　　1mL
定容至：1000mL

使用 BG11 液体培养基，将按照表 2-2 配置好的 5 种母液按照顺序依次加入容量瓶中，用蒸馏水定容至 1000mL，分装后高压灭菌，在 0.1MPa、121℃的条件下灭菌 20min。

五、实验报告

详细描述培养基的制备过程，并总结配制的流程。

六、注意事项

① 根据不同微生物的营养需要配制不同的培养基。
② 琼脂的使用不宜过多，为 1.5%～2.0%即可。
③ 药品的加入顺序应严格控制，防止相互作用产生沉淀。
④ 调节 pH 值时应注意边搅拌边测。
⑤ 实验中应严格注明培养基的组别和类型。

七、思考题

① 培养基概念是什么？比较 4 种培养基的区别。
② 除了琼脂外还有哪些物质可以作为培养基的凝固剂？

实验七

▶▶

培养基及器皿的消毒与灭菌

　　微生物的培养过程中一般都要使用培养基和接种器具，而这些物品需要灭菌后才能使用。灭菌的目的是为了杀死培养基或接种器具中可能存在的微生物，防止污染所要培养的目的菌种。所以生物培养过程中，都要遵守严格的除菌、灭菌操作，防止染菌。灭菌是获得纯培养的必要条件，也是食品工业和医药领域中必需的技术。

一、实验目的

　　① 了解干热灭菌的原理及应用范围，学习干热灭菌的基本操作方法。
　　② 了解高压蒸汽灭菌的基本原理及应用范围，学习并掌握高压蒸汽灭菌的基本操作方法。

二、实验原理

　　培养基及培养器皿在培养微生物之前都要进行严格的消毒和灭菌处理，以达到无菌和纯培养的目的。消毒一般是指杀死培养器皿或者其他物品表面的病原微生物，但消毒不一定能杀死细菌的芽孢。灭菌是指全部杀死培养器皿或者其他物品表面所有的微生物，对细菌的芽孢也能完全杀死。

　　常见的灭菌分为两种：干热灭菌和湿热灭菌。

1. 干热灭菌

　　干热灭菌的原理是利用高温使微生物胞内的蛋白质变性达到杀死微生物的目的，包括火焰焚烧灭菌和干热空气灭菌。微生物接种时所使用的接种环、接种针和镊子等金属器具以及接种的试管口和三角瓶口等部位，在进行操作时均需要做火焰焚烧灭菌（即在酒精灯火焰上灼烧数分钟）。干热空气灭菌通常所需要的温度较高（160～170℃），时间较长（一般维持1～2h）。

2. 湿热灭菌

　　湿热灭菌的原理是利用高压蒸汽的穿透力杀死细菌。高压蒸汽灭菌是将待灭菌的培养基或者培养器皿放在一个密闭的高压蒸汽灭菌锅内，通过加热锅内的水，使灭菌锅的隔套间的水沸腾而产生蒸汽。待水蒸气急剧地将锅内的冷空气从排气阀中驱尽，然后关闭排气阀，继续加热，此时由于蒸汽不能溢出，增加了灭菌器内的压力，从而使沸点增高，使温度达到121℃，时间一般在20～30min。高温高压导致微生物体内蛋白质凝固变性，从而达到杀灭微生物的目的。

三、实验材料与仪器

（1）材料

牛肉膏蛋白胨培养基、马铃薯葡萄糖水培养基、250mL三角瓶、试管、琼脂、棉花、报纸、麻绳、标签、培养皿。

（2）仪器

高压蒸汽灭菌锅、干热灭菌箱、恒温培养箱等。

四、实验步骤

1. 干热空气灭菌

（1）包装

灭菌的物品，均需要规范包装：

① 培养皿一般6套按相同方向叠加后，再外包牛皮纸；

② 试管加棉塞后，若干个汇聚在一起，外包牛皮纸后用麻绳捆扎；

③ 移液管尖端单独包装，用普通报纸缠绕2周，其钝端塞上适量棉絮，外包牛皮纸后用麻绳捆扎。

（2）加样和灭菌

1）加样

将包好的物品叠放到干热灭菌箱内，关闭箱门。

2）灭菌

接通电源，按下调节按钮，温度设置为160～170℃，再将按钮拨到测量位。待升温后维持1～2h。

（3）降温和取物

① 灭菌结束后，切断电源，自然降温。

② 待干燥箱内温度降至70℃以下时，打开箱门，取出灭菌物品。

2. 高压蒸汽灭菌

（1）加水

首先将内层灭菌桶取出，再向外层锅内加入适量的水，使水面与三角搁架相平为宜。

（2）加样

放回灭菌桶，并装入待灭菌物品。注意不要装得太挤，以免妨碍蒸汽流通而影响灭菌效果。三角烧瓶与试管口端均不要与桶壁接触，以免冷凝水淋湿包装口的纸而透入棉塞。

（3）加盖

将灭菌锅盖上的排气软管插入内层锅的排气槽内。旋紧螺丝，使两端螺丝松紧一致，以免造成漏气或者爆炸事故。

（4）灭菌

用电加热，同时打开排气阀，使水沸腾以排除锅内的冷空气。待冷空气完全排尽后，关上排气阀，让锅内的温度随蒸汽压力增加而逐渐上升。当锅内压力升到所需压力时，维持压力至所需时间。本实验用 0.1MPa，121℃，20min 灭菌。温度是达到灭菌的主要原因，所以锅内的冷空气必须完全排尽，才能达到所需要维持的压力和温度。

（5）取样

达到灭菌所需时间后，切断电源，让灭菌锅内温度自然下降，当压力表的压力降至 0 时，打开排气阀，旋松螺栓，打开盖子，取出灭菌物品。如果压力未降到 0 时，打开排气阀，就会因锅内压力突然下降，使容器内的培养基由于内外压力不平衡而冲出烧瓶口或试管口，造成棉塞沾染培养基而发生污染。

（6）无菌检查

将取出的灭菌培养基放入 37℃恒温培养箱培养 24h，经检查若无杂菌生长，即可待用。

五、实验报告

① 详细叙述高压蒸汽灭菌的操作过程及注意事项。
② 准确记录灭菌效果（即无菌检查的结果）。

六、注意事项

① 电热干燥箱的物品不能叠放太多，以免妨碍空气流通，也不能接触内壁的铁板，以防包装烤焦起火。
② 电热干燥箱内温度要降到 70℃以下，才可以打开箱门取物，以免剧烈降温而导致玻璃器皿炸裂。
③ 高压蒸汽灭菌的要素是温度而不是压力，锅内的冷空气必须完全排除，否

则，压力锅内达不到预期的温度，影响灭菌效果。

④ 排除冷空气后，需要对排气阀放气，以免压力急速下降，导致棉塞及培养基冲出瓶口。

七、思考题

① 消毒与灭菌的区别是什么？
② 消毒与灭菌在微生物实验操作过程中有何重要意义？

实验八

生态环境中微生物检测与分离

微生物体积小、重量轻，因此可以到处传播以致达到"无孔不入"的地步。微生物种类繁多，对外界环境的适应能力又很强，只要生活条件合适，它们就可以迅速繁殖起来。因此，它们是自然界分布最广的一群生物。无论是南极、北极、高山、海洋、陆地、淡水，还是土壤、空气、动植物体内外，几乎到处都有它们的踪迹。空气和水是维持人类生命不可或缺的物质其直接进入人体或与人接触。如果带有病原微生物，将成为传染疾病的媒介。通过检验空气和手上以及平时接触的桌面上的微生物，可以对环境质量进行有效监控。

一、实验目的

① 了解周围环境微生物的分布状况。
② 学习平板划线、斜面划线操作。

二、实验原理

微生物广泛存在于空气、水和土壤之中。不同种类的微生物绝大多数都是混杂生长在一起的，当我们希望获得某种微生物的时候，就必须从混杂的微生物类群中将其分离，以得到只含有一种微生物的培养物，这种获得纯培养的方法称为微生物的分离与纯化。现有的环境微生物种类繁多，总数庞大，针对不同的微生物对能量、营养和理化条件的需求不同（包括各因子的种类和浓度不同），对现有培养基经过适当的优化改造可以用于新的微生物的分离培养。微生物平板培养方法是一种传统的实验方法。这种方法主要使用不同营养成分的固体培养基对环境中可培养的微生物进行分离培养，然后根据微生物的菌落形态及其菌落数来计测微生物的数量及其类型。平板稀释法是进行环境微生物分离培养的常用方法，一般分为稀释、接种、培养和计数等几个步骤。微生物分离培养技术在微生物环境功能研究、代谢途径的阐明、特定功能的验证及基础实验和生产实践的应用等方面发挥着重要作用。

三、实验材料与器具

（1）材料

牛肉膏蛋白胨培养基。

（2）器具

培养皿、酒精灯、接种环、无菌棉棒、斜面试管。

四、实验步骤

1. 培养基准备

将固体牛肉膏蛋白胨培养基溶化，冷却到 50℃ 左右，倒平板，每皿 15～20mL。平板倒好后，平铺放于桌面上，直至培养基完全凝固。

2. 空气微生物检测

将皿盖打开，分别做 5min 和 10min 的暴露处理。

3. 桌面微生物检测

用一根无菌棉棒摩擦实验台面，再用此棒在平板内作划线接种。

4. 手指微生物检测

取一皿从中间划一道线分为二部分，一边用未洗的手指划线，另一边用洗过的手指划线接种。

5. 平板划线法

取不同培养基平板，做好标记。在火焰边，左手托住培养皿并微启皿盖，右手执无菌接种环蘸取菌液一环在培养基表面轻轻划线，注意勿划破琼脂。将平板分做 3～4 区，先将浓菌液在第 1 区平行划线 3～4 条，转动培养皿约 60°～70°；用在火上烧过并冷却的接种环通过第 1 区划线在第 2 区划平行线，同法在第 3 区和第 4 区划线。

6. 斜面划线法

取斜面试管 1 支，划波浪形线。

7. 培养

将平皿倒置，于培养箱中 37℃、24h 培养。

五、实验报告

① 观察各种接种方法培养出的微生物特征，并加以评价。
② 观察平板划线、斜面划线的效果并加以分析。

六、注意事项

① 在桌面微生物检测实验中，不需要刻意寻找比较脏的地方，应随机选择。
② 手指微生物检测实验中，手指不要用力过猛，以免划破培养基表面。

七、思考题

① 分析不同来源微生物的主要特征。
② 影响空气中微生物数量的因素有哪些？
③ 倒平板时培养基的温度不宜太高也不宜太低的理由是什么？

实验九

微生物接种与纯培养

　　微生物接种是微生物学研究中最常用的基本操作，主要用于微生物的分离纯化。此技术是在无菌条件下，用接种环或接种针等工具，从一个培养皿挑取所需的微生物转接到另一个培养基中进行培养，从而实现所需微生物的纯化鉴定，获得没有杂菌污染的单纯菌落等。微生物学中，在人为规定的条件下培养、繁殖得到的微生物群体称为培养物。如果某一培养物是由单一微生物细胞繁殖产生的，就称之为该细菌的纯培养物。通常情况下纯培养物能更好地被研究、利用，因此把特定的微生物从自然界混杂存在的状态中分离、纯化出来的纯培养技术视为微生物学研究的基础。

一、实验目的

　　① 了解微生物实验中无菌操作和接种技术的原理。
　　② 熟练掌握无菌操作方法和接种技术。

二、实验原理

　　在微生物实验过程中，无菌操作和接种技术是获得纯培养物的基本技能。无菌是指环境中不存在任何微生物的营养细胞、芽孢及其孢子的状态。无菌操作是微生物实验中防止一切杂菌污染纯培养物的措施。在微生物的生产和实验过程中，经常将一定数量的微生物转移到新的培养基中进行再培养，在这一过程中，无菌操作起着至关重要的作用。

　　接种是在无菌条件下，将目的微生物转移到适宜其生长繁殖的培养基的过程。微生物的分离、纯化、培养、鉴定和形态观察等都离不开接种。根据实验目的不同，接种可分为多种类型，如斜面接种、平板接种、液体接种和穿刺接种等。为避免杂菌污染，操作过程中一定要进行无菌操作。实验中，用于接种的工具主要分为接种环、接种针、涂布棒、移液管和滴管等。接种环和接种针主要由软硬适中的镍铬丝或铂丝制作而成，其特点是灼烧时升温快、冷却快、不易氧化、无毒且可反复灼烧。接种针长度一般在 $5\sim8cm$，固定于长 20cm 左右的金属或胶木棒上，多用于穿刺接种。接种环是将接种针末端折弯成一个直径约为 2cm 的圆环形成的，常用于平板和斜面接种。接种针和接种环使用前要进行灭菌，灭菌方法是将接种环或接种针的末端置于酒精灯的外焰中灼烧至镍铬丝呈红色，再将可能伸入试管或平板的接种环或接种针的金属柄缓慢通过火焰进行灭菌，冷却后即可使用。使用过后，先将接种环端置于内焰进行灼烧再移至外焰中灼烧至红色，或者先灼烧环以上部分再逐渐灼烧移至环端烧红，这样可避免残留菌液因受高热外溅造成的安全隐患。再将金属柄过火焰，置于架子上备用。涂布棒由普通玻璃或不锈钢材料制作而成，将菌液均匀涂布于平板上，培养后形成单菌落，常用于平板分离和计数菌落。移液管和滴管常用于接种液体培养物。

三、实验材料与器具

（1）材料

大肠杆菌（*Escherichia coli*）、枯草芽孢杆菌（*Bacillus subtilis*）、金黄色葡萄球菌（*Staphylococcus aureus*）、啤酒酵母（*Saccharomyces cerevisiae*）等实验所需菌种或菌种混合液、牛肉膏蛋白胨培养基、高氏一号培养基、马铃薯葡萄糖培养基。

（2）器具

恒温培养箱、无菌操作台、酒精灯、接种环、接种针、涂布棒、无菌吸管等接种工具。

四、实验步骤

1. 制备稀释液

准备好试管架以及装有一定量无菌水的试管。用一支 1mL 无菌吸管吸 1mL 菌悬液加入盛有 9mL 无菌水的试管中充分混匀，然后用另一无菌吸管从此试管中吸 1mL 加入另一盛有 9mL 无菌水的试管中。以此类推制成 10^{-2}、10^{-3}、10^{-4}、10^{-5} 和 10^{-6} 等不同稀释度的菌悬液，如图 2-1 所示。

2. 微生物接种与分离

根据不同的目的可以采用不同的接种方法，如平板划线法、涂布法、倾注法等。

（1）平板划线法分离细菌

1）平板制备

制备牛肉膏蛋白胨培养基，经高压蒸汽灭菌后直接倒平板，或冷却备用。如使

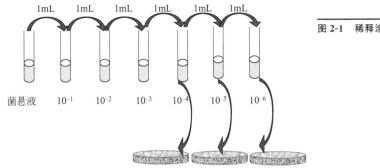

图 2-1　稀释涂布法示意

菌悬液　10^{-1}　10^{-2}　10^{-3}　10^{-4}　10^{-5}　10^{-6}

用经冷却后的培养基，则应在沸水或微波炉中融化后置于 $45\sim55℃$ 水浴中，在无菌操作台上倒平板，将培养皿在桌子上轻轻晃动，铺平冷却。

2）连续划线和分区划线法

划线指的是用接种环取一环细菌稀释液，在平板培养基上以"之"字形划线的过程。连续划线法指将沾有细菌稀释液的接种环在平板培养基上从一端画"之"状线引向另一端；分区划线法指将沾有细菌稀释液的接种环在平板培养基上从一边画"之"状或平行线 $3\sim4$ 条，旋转培养皿约 $60°$，在酒精灯上烧去残余物，待冷却后，通过第一次划线部分作第二次划线，同法适当旋转培养皿后通过第二次划线部分作第三次划线和第四次划线，每次划线使最初菌悬液在线痕上得到稀释，在最后划线区域容易由分散的单一细胞形成单个菌落。

3）恒温培养

划线完毕，将平板倒置放入 $28\sim30℃$ 恒温箱中培养 $1\sim2d$，观察细菌菌落形态。

4）转接纯化

挑取单个菌落，接种到新平板上。

（2）涂布法分离放线菌

1）平板制备

配制分离放线菌的培养基，经高压蒸汽灭菌后直接倒平板，或冷却备用。如使用经冷却后的培养基，则应在沸水或微波炉中融化后置于 $45\sim55℃$ 水浴中，在无菌操作台上，将备好的经灭菌的培养皿一端加入 2 滴 0.5％重铬酸钾溶液 50U/mL 制霉菌素溶液，在培养皿的另一边倾入已融化并冷却至 $45\sim55℃$ 的放线菌培养基，将培养皿在桌子上轻轻晃动，使重铬酸钾和培养基混合均匀，静置冷凝制成平板。

2）平板涂布

从稀释倍数较高的先做，每个稀释倍数平行做 3 次。从无菌移液管加入 0.1mL 制好的含菌稀释液，用无菌三角玻璃棒把上述稀释液在平板表面涂抹均匀，注意不要用力过猛划破平板，以免影响菌落的形成。

3）恒温培养

涂布完毕，将平板倒置放入 28～30℃ 恒温箱中培养 5～6d，观察放线菌菌落形态。

4）转接纯化

挑取单个菌落，接种到新平板上。

（3）倾注法分离真菌

倾注法主要是将微生物细胞混合于培养基中，而不是涂布在培养基表面，适合对真菌以及部分兼性厌氧菌的分离。

1）平板制备

配制分离真菌的培养基。将培养基放在沸水或微波炉中融化后置于 45～50℃ 水浴中，在无菌操作台上，将备好的经灭菌的培养皿的一端加入 2 滴 5000U/mL 链霉素溶液，在培养皿的另一端以无菌移液管加入 1mL 制好的混合菌稀释液，倾入已融化并冷却至 45～50℃ 的真菌培养基。将培养皿在桌子上前后左右轻轻晃动，使菌悬液、链霉素液和培养基混合均匀，静置冷凝制成平板。

2）恒温培养

平板完全冷凝后，倒置放入 28～30℃ 恒温箱中培养 5～6d，观察真菌菌落形态。

3）转接纯化

挑取单个菌落，接种到新平板上。

3. 常见 4 类微生物菌落形态的识别和比较

微生物的个体形态和群体形态反映了每类微生物的生长特征，显示在培养基上形成的菌落特征，这些菌落可以根据其形态、大小、色泽、透明度、致密度和边缘特征等进行识别。

熟悉和掌握常见的四大类微生物（细菌、酵母菌、放线菌和霉菌）的形态特征，对于菌种的识别和筛选都具有重要作用，如表 2-3 所列。

表 2-3　常见的细菌、酵母菌、放线菌和霉菌的细胞与菌落的主要区别

分类	细胞形态	菌落形态
细菌	小且分散	表面湿润，小而薄
酵母菌	大且分散	表面湿润，大而厚
放线菌	细丝状	表面干燥，小而致密
霉菌	粗丝状	表面干燥，大而蓬松

五、实验报告

实验报告要求认真记录观察现象，分析实验结果，讨论实验中出现或存在的问题。

六、注意事项

① 在接种时，需要在酒精灯旁操作，以维持一个相对无菌的环境。接种环与试管口不得任意放在桌上或与其他物品相接触。

② 平板或斜面的划线需要迅速、轻捷，不要划破培养基。

③ 做平板分区划线分离时，划完一小区，将接种环彻底灼烧灭菌，待冷却后再划下一小区。

④ 所有的培养器皿均需要严格灭菌。

七、思考题

① 分离放线菌和真菌为什么要加重铬酸钾和链霉素？

② 平板培养时为什么要把培养皿倒置？

③ 制备混合液平板时，为什么不能在注入培养基前让链霉素液与混合菌稀释液相混？

实验十 ▸▸

微生物菌种保藏

微生物在使用和传代过程中容易发生污染、变异甚至死亡，因而常常造成菌种的衰退，并有可能使优良菌种丢失。菌种保藏的重要意义就在于尽可能保持其原有形状和活力的稳定，确保菌种不死亡、不变异、不被污染，以达到便于研究、交换和使用等方面的需要。在本实验中介绍 6 种保藏技术，按操作由简到难，效果由差到好，保藏时限由短到长进行排序。

一、实验目的

① 了解菌种保藏原理。
② 了解细菌、真菌和微藻等微生物的保藏方法及使用条件。
③ 掌握至少 3 种微生物菌种保藏方法。

二、实验原理

菌种保藏的原理是通过干燥、低温、缺氧、避光、缺乏营养等方法，使菌种的代谢水平降低，乃至完全停止，达到半休眠或完全休眠的状态，而在一定时间内得到保存。在需要时再通过提供适宜的生长条件使保藏物恢复活力，使菌种在较长期的保藏之后仍然保持着原有的生命力、典型的形态特征和优良的生产性能。

三、实验材料与仪器

根据所选保藏方法准备实验材料与仪器。

1. 低温定期移植保藏法

相应微生物及培养基、具塞试管、石蜡、牛皮纸、4℃冰箱、无菌操作设备等。

2. 穿刺保藏法

相应微生物及培养基、具塞试管、石蜡、4℃冰箱、无菌操作设备等。

3. 液体石蜡保藏法

液体石蜡、相应微生物及培养基、具塞试管、牛皮纸、4℃冰箱、恒温箱、无菌操作设备等。

4. 砂土保藏法

河沙、黄土、相应微生物及培养基、具塞试管、安瓿管、无菌操作设备等。

5. 冷冻真空法

相应微生物及培养基、安瓿管、−40℃冰箱、真空干燥装置、脱脂牛奶、4℃冰箱、无菌操作设备等。

6. 液氮超低温冷冻保藏法

安瓿管、保护剂（10％甘油或10％二甲基亚砜）、带微生物琼脂块、4℃冰箱、−40℃冰箱、−80℃冰箱、液氮封存罐等。

四、实验步骤

1. 低温定期移植保藏法

将需要保藏的菌种接种在适宜的斜面培养基上，适温培养，当微生物健壮地长满斜面时取出，放在3～5℃低温干燥处或4℃冰箱中保藏，每隔1～6个月移植转管1次，具体应根据菌种特性决定。保藏时要注意环境湿度不能太高，以防霉菌通过棉塞进入管内。因此，若用棉塞，可用干净的塑料薄膜或牛皮纸包扎棉塞，也可用无菌的白胶塞，并用石蜡涂封，既可减少污染的机会，也可防止培养基干燥。

大多菌种及微藻都能采用此法保藏，该方法操作简单，容易上手，是实验室最常用的保藏方法之一，但是每次保藏时间较短，在1～6个月之间频繁转接传代会导致菌种活性减退和功能退化。

2. 穿刺保藏法

使用粗试管制作半固体培养基：配置相应微生物培养基，加琼脂0.2％～0.7％使培养基不完全凝固。用接种针以无菌方式从待保藏的细菌斜面上挑取菌种，朝直立柱中央直刺至试管中部，不可刺穿培养基，然后沿原线拉出。

接种好的试管使用火焰灼烧管口，用无菌塞封口，石蜡涂抹封口处密封，在适宜温度下培养48h以上，让接种的微生物充分生长。将充分生长的微生物放入4℃

冰箱中保藏。

此方法操作简单，保存时间较长，是实验室常用的保藏方法之一，一般可以保藏 6 个月到 1 年时间。但是单独管中微生物较少，如需要经常取用微生物则要制作多个保藏管。

3. 液体石蜡保藏法

将液体石蜡分装于三角烧瓶内，塞上棉塞，并用牛皮纸包扎，121℃灭菌 20min，然后放在 40℃ 恒温箱中，使水汽蒸发掉，备用。将需要保藏的菌种在最适宜的斜面培养基中培养，使得到健壮的菌体或孢子。用灭菌吸管吸取灭菌的液体石蜡，注入已长好菌的斜面上，其用量以高出斜面顶端 1cm 为准，使菌种与空气隔绝。将试管直立，置于低温或室温下保存（有的微生物在室温下比冰箱中保存的时间还要长）。

此法实用而效果好。霉菌、放线菌、芽孢细菌可保藏 2 年以上不死，酵母菌可保藏 1~2 年，一般无芽孢细菌也可保藏 1 年左右，甚至用一般方法很难保藏的脑膜炎球菌，在 37℃ 温箱内，亦可保藏 3 个月之久。此法的优点是制作简单，不需特殊设备，且不需经常移种。缺点是保存时必须直立放置，操作难度较大，同时也不便携带。从液体石蜡下面取培养物移种后，接种环在火焰上烧灼时，培养物容易与残留的液体石蜡一起飞溅，应特别注意。

4. 砂土保藏法

取河砂加入 10% 稀盐酸，加热煮沸 30min，以去除其中的有机质。之后倒去酸水，用自来水冲洗至中性。之后将砂烘干，用 40 目筛子过筛，以去掉粗颗粒，备用。

另取非耕作层的不含腐殖质的瘦黄土或红土，加自来水浸泡洗涤数次，直至中性。之后烘干，碾碎，通过 100 目筛子过筛，以去除粗颗粒。随后按 1 份黄土、3 份沙的比例（或根据需要而用其他比例，甚至可全部用砂或全部用土）掺和均匀，装入 10×100mm 的小试管或安瓿管中，每管装 1g 左右，塞上棉塞，进行灭菌，烘干。

装管完成后抽样进行无菌检查，每 10 支砂土管抽 1 支，将砂土倒入肉汤培养基中，37℃培养 48h，若仍有杂菌，则需全部重新灭菌，再做无菌试验，直至证明无菌，方可备用。

选择培养成熟的优良菌种（一般指孢子层生长丰满的，营养细胞用此法效果不好），以无菌水洗下，制成孢子悬液。于每支砂土管中加入约 0.5mL 孢子悬液（一般以刚刚使砂土润湿为宜），以接种针拌匀。放入真空干燥器内，用真空泵抽干水分，抽干时间越短越好，务必在 12h 内抽干。

每 10 支抽取 1 支，用接种环取出少数砂粒，接种于斜面培养基上进行培养，观察生长情况和有无杂菌生长，如出现杂菌或菌落数很少或根本不长，则说明制作的沙土管有问题，尚需进一步抽样检查。若经检查没有问题，用火焰熔封管口，放冰箱或室内干燥处保存。每半年检查一次活力和杂菌情况。

此法多用于保存能产生孢子的微生物如霉菌、放线菌，因此在抗生素工业生产中应用最广，效果亦好，微生物可保存 2 年左右。但该方法所需材料较多，实验操作烦琐，且应用于营养细胞效果不佳。

5. 冷冻真空法

用于冷冻干燥菌种保藏的安瓿管宜采用中性玻璃制造，形状可用长颈球形底的，亦称泪滴型安瓿管，大小要求外径 6～7.5mm，长 105mm，球部直径 9.11mm，壁厚 0.6～1.2mm。也可用没有球部的管状安瓿管。塞好棉塞，121℃灭菌 20min，备用。

准备菌种，用冷冻干燥法保藏的菌种，其保藏期可达数年至十数年，为了在许多年后不出差错，故所用菌种要特别注意其纯度，即不能有杂菌污染，还应在最适培养基中用最适温度培养，以保障培养出良好的培养物。细菌和酵母的菌龄要求超过对数生长期，若用对数生长期的菌种进行保藏，其存活率反而降低。一般，细菌要求 24～48h 的培养物；酵母需培养 3d；形成孢子的微生物则宜保存孢子；放线菌与丝状真菌则培养 7～10d。

制备菌悬液与分装以细菌斜面为例，用 2mL 左右脱脂牛乳加入斜面试管中，制成浓菌液，每支安瓿管分装 0.2mL。将分装好的安瓿管放低温冰箱中冷冻 4～5min，即可使悬液结冰。

真空干燥为在真空干燥时使样品保持冻结状态，需准备冷冻槽，槽内放碎冰块与干燥剂，混合均匀，可冷至 15℃。装置仪器，将安瓿管放入冷冻槽中的干燥瓶内。抽气若在 30min 内能达到 93.3Pa（0.7mmHg）真空度，则干燥物不致熔化，以后再继续抽气，几小时内，肉眼可观察到被干燥物已趋干燥，一般抽到真空度 26.7Pa（0.2mmHg），保持压力 6～8h 即可。

封口抽真空干燥后，取出安瓿管，接在封口用的玻璃管上，可用 L 形五通管继续抽气，约 10min 即可达到 26.7Pa（0.2mmHg）。于真空状态下，以煤气喷灯的细火焰在安瓿管颈中央进行封口。保存于冰箱或室温暗处。

此法为菌种保藏方法中最有效的方法之一，对一般生命力强的微生物及其孢子以及无芽孢菌都可用此方法。菌种长期保存时也可用此方法，一般可保存数年至十余年，但设备和操作都比较复杂。

6. 液氮超低温冷冻保藏法

用于液氮保藏的安瓿管，要求能耐受温度突然变化而不致破裂，因此，需要采用硼硅酸盐玻璃制造的安瓿管，安瓿管的大小通常使用 $75 \times 10mm$ 的，或能容 $1.2mL$ 液体的。保存细菌、酵母菌或霉菌孢子等容易分散的细胞时，则将空安瓿管塞上棉塞，$121℃$ 灭菌 $20min$；若作保存霉菌菌丝体用则需在安瓿管内预先加入保护剂如 10% 的甘油蒸馏水溶液或 10% 二甲亚砜蒸馏水溶液，加入量以能浸没以后加入的菌落圆块为限，而后再用 $121℃$ 灭菌 $20min$。

将菌种用 10% 的甘油蒸馏水溶液制成菌悬液，装入已灭菌的安瓿管；霉菌菌丝体则可用灭菌打孔器，从平板内切取菌落圆块，放入含有保护剂的安瓿管内，然后用火焰熔封。浸入水中检查有无漏洞。将已封口的安瓿管以每分钟下降 $1℃$ 的慢速冻结至 $-30℃$。保藏经冻结至 $-30℃$ 的安瓿管立即放入液氮冷冻保藏器的小圆筒内，然后再将小圆筒放入液氮保藏器内。液氮保藏器内的气相为 $-150℃$，液态氮内为 $-196℃$。

此法除适用于一般微生物的保藏外，还适用于长期保藏一些用冷冻干燥法都难以保存的微生物如支原体、衣原体、氢细菌、难以形成孢子的霉菌、噬菌体及动物细胞，而且性状不变异。缺点是需要特殊设备。

五、实验报告

① 记录使用的保藏方法、过程与结果。
② 叙述选择该保藏方法的理由。

六、注意事项

① 保藏前应使需要被保藏微生物处于生长旺盛的时期。
② 保藏前要区分微生物种类和需要保藏的时间来选择保藏方法。
③ 液氮直接接触皮肤会导致皮肤损伤，操作液氮时应注意做好防护。

七、思考题

① 简述任意 2 种保藏法的优缺点。
② 除上述保藏方法外是否对其他保藏方法有所了解？原理是什么？

第三章

环境微生物的培养

实验十一

水中细菌的采集与测定及计数

由于水中细菌种类繁多，它们对营养和其他生长条件的要求差别很大，不可能找到一种培养基在一种条件下，使水中所有的细菌均能生长繁殖。因此，以一定的培养基平板上生长出来的菌落计算出来的水中细菌总数仅是一种近似值。水中细菌总数与水体受污染的程度相关，因此细菌总数常作为评价水体污染程度的一个重要指标，即细菌总数越大，水体受污染的程度越严重。

一、实验目的

① 了解掌握水中细菌的采集与测定方法。
② 进一步理解细菌与水质污染的关系。

二、实验原理

细菌总数主要作为判定被检水体污染程度的标志，以便对水质进行卫生学评价时提供依据。在水质卫生学检验中，细菌总数是指 1mL 水样在牛肉膏蛋白胨培养基中，经 37 ℃、24h 培养后，所生长的细菌菌落的总数。

三、实验材料与仪器

（1）材料

牛肉膏蛋白胨培养基。

（2）仪器

采水器、高压蒸汽灭菌锅、恒温培养箱、培养皿、三角烧瓶、刻度吸管、试管、酒精灯。

四、实验步骤

① 在所调查的水体中选择若干采集点，用采水器进行采样，取表层水样（水下面50cm），采回水样保存在1～5℃之间，并于6h以内送实验室检验，以尽可能保证原水样细菌群不起变化。

② 稀释水样：在无菌操作下取5支无菌试管编号，各加入无菌水9mL，以无菌刻度吸管吸取水样1mL加入第一根试管，充分振荡使其混匀后吸出1mL注入第二支试管，同样混匀后再注入第三、第四、第五支试管，其浓度分别为1∶10、1∶100、1∶1000、1∶10000、1∶100000。

③ 用1mL灭菌吸管吸取原水和各个稀释浓度的水样各1mL，分别置入灭菌平皿内，然后往上述培养皿中倾注约15mL已融化并冷却到45℃左右的营养琼脂培养基，并立即旋转培养皿，使水样与培养基充分混匀，每个浓度做2个平皿，另用一平皿只倾入营养培养基作空白对照。

④ 待平皿内培养基冷却凝固后，翻转平皿，使底面向上，置入37℃培养24h后取出，计算平皿内菌落数目，以2个平皿的平均数即为1mL水样中的细菌总数。

五、实验报告

作平板细菌菌落计数时，可用肉眼观察，必要时可用放大镜与手揿计数，在各平板计数后，应求出相同稀释度的平均菌落数，在求其平均菌落数时，若其中一个平板上有较大片状菌落生长时，则不宜采用。若片状菌落不到平板面积的一半，且片状菌落以外的单菌落分布又很均匀，则可将这部分的菌落数加倍后作为全平板的菌落数。

各种不同情况的计算方法如下。

① 首先选择平均菌落数在30～300之间进行计算，当只有一个稀释度的平均菌落数符合此范围时，则以该平均菌落数乘以稀释倍数记录。

② 若有2个稀释度，其平均菌落数均在30～300之间，则应按两者菌落之比

值来报告：若其比值小于 2，应报告两者的平均数；若其比值大于 2，则报告其中较大的菌落总数。

③ 若所有稀释度的平均菌落数均大于 300，则应按稀释度最高的平均菌落数乘以稀释倍数记录。

④ 若所有稀释度的平均菌落数均小于 30，则应按稀释度最低的平均菌落数乘以稀释倍数记录。

⑤ 若所有稀释度的平均菌落数均不在 30～300 之间，则以最接近 300 或 30 的平均菌落数乘以稀释倍数记录。

⑥ 菌落数在 100 以内时按实有数记录，大于 100 时采用两位有效数字后面的数值，以四舍五入方法计算，为了缩短数字后面的零数也可用 10 的指数来表示。

实验结果记录于表 3-1。

表 3-1 实验结果记录

稀释度	10^0		10^{-1}		10^{-2}		10^{-3}	
平板	1	2	1	2	1	2	1	2
菌落数								
平均菌落数								
细菌总数								

六、注意事项

① 水样的采集应随机取样。

② 水样的稀释过程中，采用浓度梯度稀释，不要搞错顺序，并做好记录。

七、思考题

① 所测的水源水的质量如何？

② 试解释细菌与水质污染的关系。

实验十二

大肠杆菌生长曲线的绘制

了解微生物生长特性，对微生物生长规律的研究格外重要。微生物的生长曲线反映了在某一特定环境条件下的单细胞微生物在液体培养中显现出的群体生长规律和繁殖特点。不同的微生物在相同的培养条件下的生长曲线规律特点均有所差异。根据微生物生长速率的特性，常将微生物的生长曲线划分为调整期（lag phase）、对数期（exponential phase）、稳定期（stationary phase）和衰亡期（decline phase）。绘制微生物的生长曲线可以明确微生物的生长规律，对生产实践具有重大的指导意义。

一、实验目的

① 通过细菌数量的测定了解大肠杆菌的生长曲线规律和繁殖特点，绘制其生长曲线。

② 学习并熟练掌握比浊法测定细菌生长曲线的基本原理与操作方法。

二、实验原理

将少量细菌接种到一定体积的、适量的新鲜培养基中，在适宜的条件下进行培养，培养一定时间后测定培养基中的细菌量，可以得知微生物的生长规律。生长曲线是以菌量的对数或生长速率为纵坐标，生长时间为横坐标绘制的曲线。生长曲线反映了单细胞微生物在一定环境条件下于液体培养基中所表现出的群体生长动态变化规律。依据其生长速率的不同，一般可把生长曲线分为延迟期、对数生长期、稳定期和衰亡期。

光电比浊法是利用在一定范围内，细胞的散射与吸收作用使光线的透过量降低，微生物细胞浓度与透光度呈反比，与光密度（OD值）呈正比的原理。当细菌细胞在溶液中数量越多，浊度越大，在光电比色计中测定时所吸收的光线越多。利用一系列菌悬液测定光密度和菌细胞数之间的对应关系，制作光密度-细菌细胞数的标准曲线，再依据样品所测得的光密度，从标准曲线中获得对应的细菌数。

三、实验材料与仪器

（1）材料

培养 18～20h 的大肠杆菌、枯草芽孢杆菌菌液、平板、比色皿、擦镜纸、无菌水、无菌试管、无菌吸管、玻璃棒、接种环、牛肉膏蛋白胨液体培养基（具体操作见实验六）。

（2）仪器

高压蒸汽灭菌锅、分光光度计和恒温振荡摇床。

四、实验步骤

1. 样品制备和标记

（1）细菌样品制备

取细菌菌种 1 支，在无菌操作台中使用接种环，取适量菌种接入牛肉膏蛋白胨培养液中，培养 10～12h 作为细菌样品。

（2）标记

取无菌试管若干只，分别以不同的时间编号（0h、1h、3h、4h、6h、8h、10h、12h、14h、16h 和 18h），并盛入 10mL 的牛肉膏蛋白胨液体培养液。

2. 接种和培养

（1）接种

用 1mL 无菌移液枪吸取 1mL 大肠杆菌培养液添加到上述标记的无菌试管中。

（2）培养

将已接种的无菌试管放置于温度为 37℃、转速为 200r/min 的恒温振荡摇床中进行培养，分别培养 0h、1h、3h、4h、6h、8h、10h、12h、14h、16h 和 18h，当到达标记时间时，将标有相应时间的无菌试管取出，迅速置于冰箱中贮存，以备后续比浊测定。

3. 比浊测定

将未接种的牛肉膏蛋白胨培养基作为空白对照，选用波长为 600nm 调节零点，按照顺序依次测定不同培养时间下（0h、1h、3h、4h、6h、8h、10h、12h、14h、16h 和 18h）的细菌光密度。（若细菌生长密度较大，可用牛肉膏蛋白胨培养基对其进行适度稀释之后测定，使其光密度值保持在 0.10～0.65 之间。经稀释之后细菌的 OD 值乘以稀释倍数为细菌实际的 OD 值。)

4. 绘制生长曲线

以大肠杆菌的培养时间为横坐标，细菌光密度的 OD 值为纵坐标，绘制大肠杆菌的实验生长曲线。

五、实验报告

① 分别将上述不同培养时间下细菌的光密度的测定结果记录在表 3-2 中。
② 绘制大肠杆菌的实验生长曲线，并分析其生长规律。

表 3-2　大肠杆菌在不同培养时间下的光密度值

培养时间/h	0	1	3	4	6	8	10	12	14	16	18
OD_{600}											

六、注意事项

① 使用比色皿时，手指要捏住比色皿的毛玻璃面，不能直接触碰比色皿的光学表面，以免影响其测定精确度。
② 由于光密度表示的培养液中的总菌数包括活菌和死菌，因此所测的大肠杆菌的生长曲线的衰亡期不明显。
③ 碳源的种类、浓度以及接种量的多少都会影响生长曲线。

七、思考题

① 在本实验中，为什么对于浓度较高的细菌菌液需要稀释？
② 请简要说明比浊法和活菌计数法两种方法测定微生物生长的优缺点。
③ 根据绘制的大肠杆菌生长曲线说明大肠杆菌的生长特征和规律。

实验十三　▶▶

化学消毒剂对微生物的影响

化学消毒剂能作用于微生物和病原体，促进菌体蛋白质变性或凝固，干扰细菌的酶系统和代谢，损伤细菌的细胞膜而影响细菌的化学组成、物理结构和生理活动，从而发挥防腐、消毒甚至灭菌的作用。本实验通过测定几种化学消毒剂对微生物生长的影响（产生抑菌圈的大小）来评价其杀菌或抑菌性能。

一、实验目的

① 了解常用化学药品对微生物的作用。
② 掌握抑菌圈的测定及化学消毒剂抑菌效果评价。

二、实验原理

化学消毒剂（chemical disinfectants）也称为"消毒剂"，指作用于微生物和病原体，使其因失去正常功能而受到抑制或死亡的化学消毒药物。常用的化学消毒剂主要有重金属及其盐类，酚、醇、醛等有机化合物以及碘、表面活性剂等。它们的杀菌或抑菌作用主要是使菌体蛋白质变性，或者与—SH结合而使酶失去活性。本实验将观察一些常用的化学药品在一定浓度下对微生物的致死或抑菌作用，从而了解它们的杀菌或抑菌性能。

三、实验材料与仪器

（1）材料
大肠杆菌、金黄色葡萄球菌、牛肉膏蛋白胨琼脂培养基、2.5%碘酒、0.15%升汞（$HgCl_2$）、5%石炭酸、75%酒精、1%来苏尔、0.25%新洁尔灭、15%甲醛、0.05%龙胆紫、生理盐水、培养皿、滤纸片、试管、吸管、试管架、接种环、酒精灯。

（2）仪器
高压蒸汽灭菌锅、生化培养箱。

四、实验步骤

① 在培养 18h 的金黄色葡萄球菌菌种管中加入无菌水 10mL，制备好菌悬液。

② 用无菌吸管吸取上述菌液 0.2mL 于无菌平皿内。

③ 倒入已溶化并冷却至 45℃ 左右的牛肉膏蛋白胨琼脂培养基于上述平皿内，摇匀，水平放置，待凝。

④ 将上述已凝固的平皿用记号笔在平皿底划成四等份，每一等份内标明一种药物的名称。

⑤ 用无菌镊子将小圆形滤纸片分别浸入各种药品中，取出，并在试剂瓶内壁上除去多余药液后，以无菌操作将纸片对号放入培养皿的小区内，生理盐水浸泡过的小圆片置于平皿中央做比较。

⑥ 将上述放好滤纸片的含菌平皿，倒置于 37 ℃ 培养箱中培养，24h 后取出测定各抑菌圈大小，填入表 3-3 并说明其杀菌强弱。

表 3-3　各种化学药品对白色葡萄球菌的致死能力

药剂	抑菌圈直径/mm
2.5％碘酒	
0.15％升汞（HgCl$_2$）	
5％石炭酸	
75％酒精	
1％来苏尔	
0.25％新洁尔灭	
15％甲醛	
0.05％龙胆紫	
生理盐水	

五、实验报告

① 测量出各种化学消毒剂产生的抑制圈直径。

② 用微生物所形成的抑菌圈大小说明化学试剂的抑菌或杀菌效果。

六、注意事项

① 操作过程中要做好无菌操作，严格按照无菌操作规程，避免引入其他微生物。

② 化学消毒试剂有些有毒性，在实验过程中应做好自身防护，不要与皮肤直接接触或误入口鼻。

七、思考题

① 影响抑菌圈大小的因素有哪些？抑菌圈大小是否准确地反映出化学消毒剂的抑菌作用？

② 如果抑菌圈内隔一段时间后又长出少数菌落，如何解释这种现象？

实验十四

▶▶

发光细菌的生物毒性检测

现代化高速发展进程导致水体中毒性物质的种类不断增加，水体质量监测成为学界的焦点。快速灵敏的水体生物毒性检测已成为评价水体水质的重要方法之一。微生物中的发光细菌具有独特的光学特性，由于其具有高效、便捷、灵敏的优点，已成为水质急性毒性快速检测的重要手段，被广泛应用于农业、工业领域中的水体及土壤污染中的监测。

一、实验目的

① 学习发光细菌的基本培养方法。
② 了解发光细菌的生物毒性测试方法和基本原理。
③ 掌握生物毒性测定仪的基本结构和原理，并能正确地操作和使用。

二、实验原理

发光细菌是指在正常的生理条件下能够发射肉眼可见明显的蓝绿色荧光的细菌。因其种属不同，发光峰值一般位于 450～490nm 之间。发光细菌属革兰氏阴性细菌，也是兼性厌氧菌，生长温度为 20～30℃，pH 值为 6～9。不同种类发光细菌的发光机制是相同的：由特异性的荧光素酶（LE）、还原性的黄素（FMNH$_2$）、八碳以上长链脂肪醛（RCHO）、氧分子（O$_2$）所参与的复杂反应。广泛用于环境毒性监测的发光细菌有 3 类，分别为费氏弧菌、明亮发光杆菌和青海弧菌。

当发光细菌接触有毒污染物时，其新陈代谢会受到影响，发光强度减弱或熄灭。与此同时，发光细菌的发光强度的变化可用生物发光光度计测定。在一定范围内，有毒污染物的浓度大小与发光细菌光强度变化呈现出一定的比例关系，从而可以通过检测发光细菌的发光强度来监测环境中的有毒污染物。具体来说，生物发光反应的机理是由分子氧作用，胞内荧光素酶催化，将还原态的黄素单核苷酸及长链脂肪醛氧化为 FMN 及长链脂肪酸，同时释放出蓝绿光。具体反应过程如式（3-1）所示：

$$FMNH_2 + O_2 + RCHO \longrightarrow RCOOH + FMN + H_2O + h\upsilon \qquad (3-1)$$

发光细菌法是利用灵敏、快速的光电测量系统测定毒物对发光细菌发光强度的影响。水质急性毒性水平可以选用相对发光强度（L）来表征。

三、实验材料与器具

（1）材料

明亮发光杆菌 T3（*Photobacterium phosphoreum* T3）冻干粉剂、0.8％氯化钠溶液、待测水样。

（2）器具

生物发光光度计、1mL 注射器、10μL 微量注射器、采样瓶、移液管、微型混合器、容量瓶、旋涡混合器等。

四、实验步骤

1. 待测水样采集

采样瓶使用聚四氟乙烯衬垫的玻璃瓶，保持采样瓶干燥和清洁。采集水样时，瓶内应充满水样不留空气，封好瓶口。采样完成后，用塑胶带将瓶口密封。贴好标签，标明待测水样的采集时间和地点。对于浊度较高，含固体悬浮物样品的水样进行离心或过滤的预处理，避免测定干扰。毒性测定应在采样后 6h 内进行。样品保存条件为 2～5℃，不超过 24h。

2. 发光细菌冻干菌剂复苏

从冰箱中取出装在安瓿瓶中的发光细菌冻干粉（含量为 1g），加入 1mL 的复苏液（浓度为 0.8％的氯化钠溶液），室温下将其放置在旋涡混合器上使之充分混合均匀。10～20min 后复苏发光，可在暗室中用肉眼观察到绿色荧光，若没有观察到发光现象，则不能成功。将该发光细菌菌液倒入干净的试管中，以备后续使用。

3. 发光强度测定

① 将生物发光光度计接通电源，预热 15min，调节灵敏度及基数"零"。

② 分别添加不同体积（1mL、2mL、3mL、4mL、5mL、6mL、7mL、8mL、10mL、15mL 和 20mL）的待测水样于 50mL 测试管中，加入蒸馏水稀释水样定容到 50mL。测定时，使用实验室去离子水作为空白对照值。

③ 逐个分别加入 10μL 的菌悬液，震荡混合均匀，将盛有待测液的试管放入测定仪中，从加入菌悬液开始计时，放置 10min 使待测水样与发光细菌充分反应，然后通过生物发光光度计检测溶液中发光细菌的发光强度。

④ 逐个记录实验数据。

五、实验报告

将实验结果记录于表 3-4 中，并按式（3-2）计算相对发光强度（L）。水质急性毒性划分等级标准见表 3-5。

表 3-4　待测水样实验记录表

待测水样体积/mL	空白	1	2	3	4	5	6	7	8	10	15	20
发光强度/cd												
相对发光强度(L)/%												

$$相对发光强度(L)=(样品光强/对照光强)\times100\% \qquad (3\text{-}2)$$

表 3-5　水质急性毒性划分等级标准

划分等级	相对发光强度/%	毒性级别
Ⅰ	>70	低毒
Ⅱ	50～70	中毒
Ⅲ	30～50	重毒
Ⅳ	0～30	高毒
Ⅴ	0	剧毒

六、注意事项

① 发光细菌种类不同，复苏时间有所差异。

② 每个废水稀释样可设 3 个重复，以保证实验结果的精确性。

③ 为了保证温度的稳定，发光细菌实验须在空调设置温度为 20～23℃的实验室内操作。

七、思考题

① 生物法检测急性毒性的优缺点是什么？

② 冻干菌剂中加入 0.8% 的氯化钠（NaCl）溶液的作用是什么？

③ 请根据待测水样的相对发光强度（L）分析水质毒性等级。

实验十五

$\blacktriangleright\blacktriangleright$

培养条件对微生物生长的影响

　　微生物的生长过程极易受到环境因素的影响，如环境中的温度、pH 值和溶解氧等因素。适宜的环境条件有利于微生物的生长，条件不适宜时将会抑制其生长，严重时甚至导致个体死亡。因此培养条件的探究对促进微生物的适宜生长具有重要作用。对不同种类微生物培养条件的研究，目的在于促进有益微生物或抑制有害微生物。通过优化各种控制手段促进微生物的生长过程，提供良好的外界环境条件，从而大量繁殖或产生有经济价值的代谢产物。

一、实验目的

　　① 了解温度、pH 值和溶解氧对微生物生长的影响。
　　② 探究微生物生长的适宜温度、pH 值和溶解氧。

二、实验原理

　　温度是控制微生物生长的关键因子。每种微生物往往只能在一定的温度范围内生长，且都有一个最高、最低和最适宜生长温度。外界环境温度将会通过影响蛋白质、核酸等生物大分子的结构与功能如细胞膜的流动性及完整性来影响微生物的生长、繁殖和新陈代谢。如果外界的温度过高会导致蛋白质变性或核酸受损。如果外界的温度过低会抑制酶的活力，减弱细胞的新陈代谢。

　　不同的微生物对 pH 值条件的要求各不相同。微生物只能在一定 pH 值范围内生长。对 pH 值条件的不同要求在一定程度上反映出微生物对环境的适应能力。pH 值过高或过低会使蛋白质、核酸等生物大分子的电荷发生变化，从而影响其微生物的活性。环境中 pH 值的变化还可引起细胞膜电荷的变化，影响细胞对营养物质的吸收，改变环境中营养物质的可给性及毒性。

　　根据微生物生长对氧的需求，微生物可以分为需氧、微需氧、兼性厌氧与厌氧。将这些微生物分别培养在含有 0.7％琼脂的试管中，会出现不同的生长情况。微生物通过其代谢过程常使环境的氧化还原电位降低，其原因主要是由于氧化消耗，其次是一些代谢产物的产生。溶解氧的测定可根据氧化还原电位的变化值（rH）观察。rH 值可以通过电位差计或者 rH 指示剂测定。本实验中采取 rH 指示剂的方法测定。把指示剂加到培养基中，接入微生物加以培养，以指示剂的变化判定培养基的 rH。常用于测定 rH 值的指示剂见表 3-6。

表 3-6 常用的 rH 测定指示剂

序号	指示剂	氧化型颜色	对应的 rH 值
1	中性红	红	2~4.5
2	碱性番红	红	4~7.5
3	Janus 绿	绿	6
4	苯番红	红	6
5	Nile 蓝	蓝	9~11
6	甲苯蓝	蓝紫	16~18
7	硫堇(thionine)	紫	15~17
8	美蓝(亚甲基蓝)	蓝	13.5~15.5

三、实验材料与器具

（1）材料

大肠杆菌、嗜热脂肪芽孢杆菌、黏质沙雷氏菌、金黄色葡萄球菌、酿酒酵母、粪产碱杆菌、酵母菌、己酸菌的培养液和黑曲霉的孢子液、牛肉膏蛋白胨液体培养基（具体见实验六）、麦芽汁软琼脂培养基、牛肉膏蛋白胨软琼脂培养基、乙醇醋酸盐培养基（醋酸钠 8g、$MgCl_2$ 200mg、NH_4Cl 500mg、$MnSO_4$ 2.5mg、$CaSO_4$ 10mg、$FeSO_4$ 5mg、钼酸钠 2.5mg、生物素 5μg、对氨基苯甲酸 100μg、蒸馏水 1000mL，自然 pH 值、121℃灭菌 20min，冷却后，加入乙醇 25mL）、无菌水、无菌生理盐水、0.1mol/L HCl 和 NaOH 溶液、中性红、碱性番红、苯番红。

（2）器具

分光光度计和比色皿、恒温培养箱、恒温振荡摇床、无菌试管、锥形瓶、酒精灯、接种环和滴管。

四、实验步骤

（一）温度对微生物生长的影响

1. 试管灭菌与标记

将 32 支试管中装入灭菌后的牛肉膏蛋白胨液体培养基，体积为 10mL，分别贴好标签为 4℃、20℃、37℃ 和 60℃，每种微生物分别标记 2 支试管，标上菌名。

2. 接种与培养

用无菌接种环分别取上述 4 种微生物（大肠杆菌、嗜热脂肪芽孢杆菌、黏质沙雷氏菌和金黄色葡萄球菌），接入相应的无菌试管中，并分别放置于对应的培养箱中保温 24～48h，进行培养。

3. 观察与记录

培养之后，分别观察上述接种微生物的生长情况和黏质沙雷氏菌产色素的情况并记录在表格中。

（二） pH 值对微生物生长的影响

1. 制备菌悬液

在无菌操作台中吸取适量的无菌生理盐水加入含有大肠杆菌、酿酒酵母和粪产碱杆菌的斜面试管中，制备成均匀的菌悬液，在分光光度计下测试其吸光度，使其 OD_{600} 值均为 0.05。

2. 接种与培养

无菌操作吸取 0.1mL 上述菌悬液，分别接种于装有 5mL pH 值为 3、5、7 和 9 的牛肉膏蛋白胨液体培养基中（用 0.1mol/L 的 HCl 和 NaOH 溶液调节其 pH 值）。将接种大肠杆菌和粪产碱杆菌的试管于 37℃ 振荡培养 24～48h，接种酿酒酵母的试管于 28℃ 振荡培养 48～72h。

3. 浓度测定与记录

将上述各培养试管取出，利用分光光度计测定培养之后微生物的 OD_{600} 值。

（三）溶解氧对微生物生长的影响

1. 微生物菌种培养

① 将 2 支麦芽汁软琼脂培养基和 1 管牛肉膏蛋白胨软琼脂培养基在水浴锅中熔化。

② 将融化之后的培养基冷却至 45℃，分别接入大肠杆菌和己酸菌 1mL，混合均匀，等待凝固。

③ 在 20℃下培养 24～48h，观察微生物生长情况。

2. 微生物生长情况观测

1）培养基的制作

取 28 支灭菌试管，分为 2 组，并且按照顺序编号，第 1 组装入肉汤培养基，第 2 组装入乙醇醋酸盐培养基，每管装入 8～10mL。每组培养基按编号大小依次加入上述各指示剂，直到培养基呈现明显的颜色，用量因为指示剂的不同也有所不同。高压蒸汽灭菌，灭菌 15min。灭菌后趁热摇动各管。确保因灭菌而变为无色的还原型指示剂恢复为有色的氧化型，若仍有不显色，可静置数天后用。

2）接种

把大肠杆菌和己酸菌分别接入相应的培养基中，在 30℃下进行培养，每天观察各培养液颜色的变化、每管培养液上层和下层的颜色差异及与菌类生长的关系等。观察时，不要摇动，避免空气中混入培养液。

3）记录

观察每日微生物的生长情况，并记录。

五、实验报告

1. 温度对微生物生长的影响

比较上述 4 种微生物在不同温度条件下的生长情况，结果填入表 3-7。

表 3-7 不同温度下的微生物生长情况

温度/℃	大肠杆菌		嗜热脂肪芽孢杆菌		黏质沙雷氏菌		金黄色葡萄球菌	
	1 号	2 号	1 号	2 号	1 号	2 号	1 号	2 号
4								
20								
37								
60								

注："—"表示不生长，"＋"表示生长较差，"＋＋"表示生长一般，"＋＋＋"表示生长良好。

2. pH 值对微生物生长的影响

比较 3 种微生物在不同 pH 值下的生长状况，将培养物的 OD_{600} 值填入表 3-8。

表 3-8　不同 pH 值下的微生物生长情况

OD$_{600}$ 值 pH 值	菌名		
	大肠杆菌	酿酒酵母	粪产碱杆菌
3			
5			
7			
9			

3. 溶解氧对微生物生长的影响

记录溶解氧对不同微生物生长的影响，将生长情况填入表 3-9。

表 3-9　不同溶解氧下的微生物生长情况

微生物	酵母菌	黑曲霉	己酸菌
生长情况			

注："—"表示不生长；"＋"表示生长较差；"＋＋"表示生长一般；"＋＋＋"表示生长良好。

以大肠杆菌和己酸菌生长过程中培养基中氧化还原电位的变化，以 rH 值为纵坐标，培养时间为横坐标，绘制大肠杆菌和己酸菌在生长过程中 rH 值变化曲线。

六、注意事项

① 严格执行无菌操作步骤，以免感染。

② pH 值影响实验中，pH 值对微生物生长的影响属于定量实验，每次培养基和接种量的含量必须准确，以确保实验的可靠性。

③ 实验时，标记要简洁明确，避免实验造成误差。

七、思考题

① 实验设计中如何确定某种细菌是嗜冷菌或者嗜热菌？

② 探究 pH 值对微生物生长的影响时，为什么选用在 OD$_{600}$ 的条件下进行测试？

第四章

现代分子微生物学技术

实验十六

环境微生物 DNA 的提取技术

DNA 是生物的主要遗传物质，现代分子微生物学技术也于科学研究中大量使用 DNA。DNA 的提取是分子微生物学技术的重要一环，为接下来 PCR 扩增基因片段以及基因工程做准备。DNA 提取可在基因工程中用于生产重组蛋白、农业栽培等。DNA 提取方法主要有三甲基溴化铵（CTAB）法、十二烷基硫酸钠（SDS）法和试剂盒（KIT）法等。本实验主要讲解如何使用 CTAB 法与 SDS 法提取环境微生物 DNA，并为后续实验提供试验材料。

一、实验目的

① 了解微生物 DNA 提取技术原理。
② 学习并掌握提取微生物基因组 DNA 的原理和步骤。

二、实验原理

DNA 在生物体内是以与蛋白质形成复合物的形式存在的，因此需要将提取 DNA 的微生物裂解，并选择性沉淀去除其中细胞壁碎片、多糖和剩余的蛋白质，最后通过异丙醇沉淀法从其中回收 DNA。

CTAB 是一种阳离子去污剂，具有从低离子强度溶液中沉淀核酸与酸性多聚糖的特性。在高离子强度的溶液中（$>0.7mol/L$ NaCl），CTAB 与蛋白质和多聚糖形成复合物，但不会沉淀核酸。

SDS 是一种阴离子去污剂，在一定条件下能裂解细胞，同时 SDS 与蛋白质和多糖结合成复合物，释放出核酸。通过提高盐浓度并降低温度，使其复合物的溶解度变小，从而使蛋白质及多糖杂质沉淀。上清液再通过有机溶剂抽提，去除蛋白、多糖、酚类等杂质后，加入异丙醇沉淀即可使 DNA 分离出来。

三、实验材料与器具

1. 细菌 DNA 的提取

（1）材料

LB 液体培养基、TE 缓冲液（1mL Tris-HCl 溶液 pH 8.0、0.2mL EDTA pH 8.0，混合而成）、溶菌酶、10% SDS（SDS 50g，蒸馏水 500mL，混合而成）、蛋白酶 K、5mol/L NaCl、CTAB/NaCl 溶液（CTAB 50g，NaCl 20.4g，蒸馏水 500mL，混合而成）、氯仿/异戊醇（24∶1）、酚/氯仿/异戊醇（25∶24∶1）、异丙醇、70%乙醇。

（2）器具

离心机、试管、移液枪。

2. 酵母菌 DNA 的提取

（1）材料

YPD 培养液（10g 酵母膏、20g 蛋白胨、900mL 蒸馏水、100mL 20g 葡萄糖溶液，混合而成）、SCED 缓冲液（1mol/L 山梨醇、10mmol/L 柠檬酸钠 pH 7.5、10mmol/L EDTA、10mmol/L 二硫苏糖醇，混合而成）、酵母菌溶壁酶（zymolyase）、1% SDS（SDS 5g，蒸馏水 500mL，混合而成）、5mol/L 醋酸钾、无水乙醇、TE 缓冲液（1mL Tris-HCl 溶液 pH 8.0、0.2mL EDTA pH 8.0、混合而成）、苯酚/氯仿（1∶1）、氯仿/异戊醇（24∶1）、7.5mol/L 醋酸铵、70%乙醇。

（2）器具

离心机、试管、移液枪。

3. 霉菌 DNA 的提取

（1）材料

DNA 提取缓冲液（100mmol/L Tris-HCl pH 8.0、20mmol/L EDTA pH 8.0、1.5mol/L NaCl、2% CTAB、4%聚乙烯吡咯烷酮 40、2%巯基乙醇，混合而成）、5mol/L 醋酸钾、氯仿/异戊醇（24∶1）、异丙醇、70%乙醇、TE 缓冲液（1mL

Tris-HCl 溶液 pH8.0、0.2mL EDTA pH8.0，混合而成）、10mg/mL RNaseA、酚/氯仿/异戊醇（25∶24∶1）、3mol/L 醋酸钠。

（2）器具

离心机、试管、移液枪。

四、实验步骤

1. 细菌 DNA 的提取（SDS-CTAB 联用）

① 将待使用菌株接种于 5mL LB 液体培养基中，在适合该菌株的生长条件下培养过夜。

② 取 1.5mL 菌液，5000r/min 离心 10min 并弃上清液。

③ 加入 567μL TE 缓冲液使菌体充分悬浮混匀。

④ 若有革兰氏阳性菌，此处应加约 10μg 溶菌酶，轻柔颠倒使其混合均匀，不可大力旋转。于 37℃放置 30min。

⑤ 加入 30μL 10% SDS 和 3μL 蛋白酶 K（20mg/mL），使最终溶液含 0.5% SDS 以及 100μg/mL 蛋白酶 K。轻柔颠倒混匀，37℃放置 1h 左右，待悬液有黏性且相对清澈为止。

⑥ 加入 100μL 5mol/L NaCl 溶液，轻柔颠倒混匀，65℃反应 2min。

注：这一步非常重要，因为如果室温下盐浓度低于 0.5mol/L，就会形成 CTAB-核酸沉淀。

⑦ 加入 80μL CTAB/NaCl 溶液，轻柔颠倒混匀，65℃反应 10min。

⑧ 加入等体积（约 0.8mL）氯仿/异戊醇（24∶1），充分混匀，4℃下 10000r/min 离心 5min，取含 DNA 上清液至新离心管中。

注：萃取去除 CTAB-蛋白/多糖复合物。离心后可见白色界面。

⑨ 加入步骤⑧与上清液等体积的酚/氯仿/异戊醇（25∶24∶1），充分混匀，4℃下 10000r/min 离心 5min，取含 DNA 上清液至新离心管中。

⑩ 加入步骤⑨与上清液 2/3 倍体积的−20℃预冷异丙醇，上下轻柔颠倒试管，直到清晰可见线状的白色 DNA 沉淀。4℃下 10000r/min 离心 5min，小心倒掉液体，注意避免将 DNA 沉淀倒出。

⑪ 加入 500μL 70%乙醇上下轻柔颠倒试管，洗涤 DNA。4℃下 10000r/min 离心 5min，小心倒掉液体，干燥 DNA。

⑫ 加入 50～100μL TE 缓冲液重悬 DNA，−20℃下保存待用。

2. 酵母菌 DNA 的提取（SDS 法）

① 将目标菌株接种于 10mL YPD 培养液中，30℃培养过夜使细胞达最大生长

量（OD$_{600}$＝5～10）。

② 室温下 10000r/min 离心 5min，弃上清液收集菌体。

③ 用 10mL 无菌水清洗菌体，并在室温下 10000r/min 离心 5min，弃上清液收集菌体。

④ 将细胞重悬在 2mL SCED 缓冲液中。

⑤ 加入 0.1～0.3mg 酵母菌溶壁酶（在加入前溶于水中制备好），在 37℃下水浴 50min。

⑥ 加入 2mL 1% SDS，轻柔颠倒混匀，冰浴 5min。

⑦ 加入 1.5mL 5mol/L 醋酸钾，轻柔颠倒混匀。

⑧ 4℃下 10000r/min 离心 5min，取上清液至新的离心管。

⑨ 加入步骤⑧上清液约 2 倍体积的无水乙醇，室温下作用 15min。

⑩ 4℃下 10000r/min 离心 20min，小心倒掉液体，取沉淀。

⑪ 将沉淀重悬在 0.7mL TE 缓冲液中，并转移至新 2mL 离心管中。

⑫ 加入步骤⑪等体积苯酚/氯仿（1∶1），轻柔混匀，4℃下 10000r/min 离心 5min，取上清液至新离心管。

⑬ 加入步骤⑫等体积的氯仿/异戊醇（24∶1），轻柔混匀，4℃下 10000r/min 离心 5min，取上清液至新离心管。

⑭ 加入步骤⑬1/2 体积 7.5mol/L 醋酸铵和 2 倍体积无水乙醇，−20℃下沉淀 60min。

⑮ 4℃下 10000r/min 离心 20min，弃上清液。加入 1mL 70%乙醇上下轻柔颠倒试管，洗涤 DNA。4℃下 10000r/min 离心 5min，小心倒掉液体，干燥 DNA。

⑯ 管中加入 50～100μL TE 缓冲液重悬 DNA，−20℃保存待用。

3. 霉菌 DNA 的提取（CTAB 法）

① 取真菌菌丝 0.5～1g，在液氮中迅速研磨成粉。

② 加入 3mL 65℃预热的 DNA 提取缓冲液（提前配置好），快速轻柔颠倒混匀，65℃下水浴 30min，期间轻摇 2～3 次。

③ 加入 1mL 5mol/L 醋酸钾，轻柔混匀，冰浴 20min。

④ 加入步骤③等体积的氯仿/异戊醇（24∶1），轻柔上下颠倒混匀，4℃下 10000r/min 离心 5min，取上清液至新离心管。

⑤ 加入步骤④2/3 倍体积的−20℃预冷异丙醇，轻柔上下颠倒混匀，静置约 30min。

⑥ 4℃下 10000r/min 离心 5min，小心倒掉上清液，注意避免将 DNA 沉淀倒出。

⑦ 加入 1mL 70% 乙醇上下轻柔颠倒试管，洗涤 DNA。4℃下 10000r/min 离心 5min，小心倒掉上清液，干燥 DNA。

⑧ 重悬于 500μL TE 缓冲液，加入 1μL 10mg/mL 的 RNaseA，37℃ 放置 60min。

⑨ 加入与步骤⑧等体积的酚/氯仿/异戊醇（25∶24∶1），轻柔上下颠倒混匀，4℃下 10000r/min 离心 5min，取含 DNA 上清液至新离心管。

⑩ 加入与步骤⑨等体积氯仿/异戊醇（24∶1），轻柔上下颠倒混匀，4℃下 10000r/min 离心 5min，取含 DNA 上清液至新离心管。

⑪ 加入与步骤⑩1/10 倍体积 3mol/L 醋酸钠，2.5 倍体积无水乙醇，−20℃下沉淀 60min。4℃下 10000r/min 离心 5min，小心倒掉液体，注意避免将 DNA 沉淀倒出。

⑫ 加入 1mL 70% 乙醇上下轻柔颠倒试管，洗涤 DNA。4℃下 10000r/min 离心 5min，小心倒掉液体，干燥 DNA。

⑬ 管中加入 50~100μL TE 缓冲液重悬 DNA，−20℃保存待用。

五、实验报告

① 完成并详细记录 3 种微生物 DNA 提取的操作流程。
② 拍照并总结实验结果。

六、注意事项

① 用品均需高温高压灭菌处理，同时灭活残余的 DNA 酶。
② 尽量用剪过的枪头取上清液，防止过尖的枪头把 DNA 链打断。
③ 细胞裂解之后的操作应尽量轻柔。
④ 氯仿易燃、易爆、易挥发，具有神经毒性，操作时应注意防护。

七、思考题

① 为什么提取革兰氏阳性菌需要加溶菌酶？
② 细菌和真菌的提取为什么略有差别？

实验十七

▶▶

琼脂糖凝胶电泳技术

　　DNA 电泳是基因工程中基本技术之一，DNA 制备及浓度测定、目的 DNA 片段的分离、重组子的酶切鉴定等均需要电泳技术。这是一种用固体作支持介质的电泳技术，待分离物质通过在支持介质中移动而得以分离成若干区带。如果用琼脂糖凝胶作支持介质，这种区带电泳技术则称为琼脂糖凝胶电泳。在电场作用下，DNA 和 RNA 之类的生物大分子可在琼脂糖凝胶中运动。由于分子泳动速率与分子大小和分子构型有关，因而可将不同大小的分子，或分子大小相同但构型不同的分子分离开来。琼脂糖凝胶电泳技术在当代已经成为一种极其重要的分析手段，广泛应用于生物化学、分子生物学、医学、药学、食品、农业、卫生及环保等许多领域。

一、实验目的

　　① 了解琼脂糖凝胶电泳技术原理。
　　② 学习并掌握琼脂糖凝胶电泳技术。

二、实验原理

　　DNA 分子带有负电荷，在电场作用下可向正极移动，且较小片段比大片段容易移动。琼脂糖凝胶电泳技术使用琼脂糖凝胶作为固体介质，外加电压，再通过比对已知大小片段的 DNA 分子量标准样来分离和识别待测 DNA 片段。

　　GelRed 是核酸的染色剂，能插入 DNA 分子中形成荧光结合物，并在紫外线照射下发射荧光。荧光的强度与 DNA 的含量呈正比，从而可以通过荧光强度确定 DNA 片段在凝胶中的位置并估计出待测样品的浓度。

三、实验材料与仪器

　　（1）材料

　　琼脂糖、GelRed 10000×储液、1×TAE 缓冲液（50×TAE 母液配制：242.0g Tris-Bace、57.1mL 冰醋酸、100mL 0.5mol/L EDTA pH＝8.0，双蒸水

定容至 1000mL；1×TAE：10mL 50×TAE，双蒸水定容至 500mL）、溴酚蓝。

（2）仪器

电泳槽、电泳仪、移液枪、凝胶成像仪。

四、实验步骤

1. 制胶

① 称取 0.5g 的琼脂糖至三角瓶中，加 50mL 1×TAE 作溶剂，震荡混匀。

② 微波炉中加热直至琼脂糖完全溶解。

③ 将胶槽洗净，放置于水平制胶板中，插上满足实验 DNA 样品量上样孔的梳子，梳子下缘与胶槽面保持 1mm 左右的间隙。

④ 将琼脂糖凝胶溶液放置于 65℃ 水浴冷却（防止温度过高使胶槽变形），加入 GelRed 储液使其最终添加量为 0.1μL/mL，将其缓缓倒入胶槽内。

⑤ 待凝胶完全冷却凝固后，小心取下样品梳，将胶槽放入电泳槽中，样品孔在阴极端（黑色端）。

⑥ 向电泳槽中加入电极缓冲液（1×TAE）至没过胶面。

2. 上样

在最边上的上样孔用移液枪加入 10μL 合适的 DNA Maker。取 4μL 样品和 2μL 载样液（溴酚蓝）混匀，依次加入样品槽中。每加完一个样需换枪头。

3. 电泳

加完样后，合上电泳槽盖，接通电源，控制电压根据电泳槽规格限制在 3～5 V/cm，电泳直至溴酚蓝移到距凝胶前沿 1～2 cm 时停止。

4. 用凝胶成像仪照相并分析

五、实验报告

① 完成并详细记录琼脂糖凝胶电泳的操作流程。

② 拍照记录并分析 maker 条带。

③ 对 DNA 的分子量进行分析。

六、注意事项

① 时间不应过长，防止 DNA 从胶中扩散到电泳液。

② 使用凝胶成像仪时应关紧仓门，防止紫外辐射。

七、思考题

① 影响琼脂糖凝胶 DNA 迁移率的因素有哪些？分别有怎样的影响？
② 上样缓冲液中溴酚蓝起到什么作用？

实验十八 ▶▶

聚合酶链式反应（PCR）技术

聚合酶链式反应（polymerase chain reaction，PCR）能快速特异扩增任何已知目的基因或 DNA 片段，并能使目的基因从皮克（pg）级扩增到纳克、微克、毫克级。因此，PCR 技术一经问世就被迅速而广泛地用于分子生物学的各个领域，成为最常用的分子生物学技术之一。它不仅可以用于基因的分离、克隆和核苷酸序列分析，还可以用于突变体和重组体的构建、基因表达调控的研究、基因多态性的分析、遗传病和传染病的诊断、肿瘤机制的探索、法医鉴定等诸多方面。

一、实验目的

① 了解 PCR 的基本原理。
② 掌握 PCR 的基本操作技术。

二、实验原理

聚合酶链式反应是体外酶促合成特异 DNA 片段的一种方法。
典型的 PCR 由 3 步反应组成：
① 高温使模板 DNA 双链或经 PCR 扩增形成的双链 DNA 解离，使之成为单链，以便与引物结合；
② 退火使引物与模板 DNA 单链的互补序列配对结合；
③ 引物沿模板在 Taq 酶作用下，以 dNTP 为反应原料，按碱基互补配对与半保留复制原理，合成一条新的 DNA 链。
这三步反应组成一个循环，通过多次循环反应，使目的 DNA 得以迅速扩增。

三、实验材料与器具

（1）材料
DNA 模板、对应目的基因的特异引物、10×PCR 缓冲液、2mmol/L dNTPmix（含 dATP、dTTP、dCTP、dGTP 各 2mmol/L）、Taq 酶、双蒸水。
（2）器具
PCR 仪、离心机、移液枪。

四、实验步骤

① 在冰浴中，按表 4-1 中的次序将各成分加入无菌 0.5mL 的 PCR 管中。

表 4-1　PCR 试剂及添加量

序号	试剂	体积
1	10×PCR 缓冲液	5μL
2	dNTPmix(2mmol/L)	4μL
3	引物 1(10 pmol/L)	2μL
4	引物 2(10 pmol/L)	2μL
5	Taq 酶(2 U/μL)	1μL
6	DNA 模板(50 ng~1 μg/μL)	1μL
7	双蒸水	35μL

② 混匀，离心 5s，置 PCR 仪上，执行扩增。PCR 反应循环条件设置如下。

Ⅰ. 预变性阶段。PCR 仪设置在 94℃下，处理 3~5min。

Ⅱ. 循环扩增阶段。PCR 仪设置在 94℃下，处理 40s；55℃下，处理 50s；72℃下，处理 60s。扩增阶段循环共 35 次。

Ⅲ. 保温阶段。PCR 仪设置在 72℃下，保温 10min。

③ 置于 4℃待电泳检测或－20℃长期保存。

五、实验报告

完成并详细记录 PCR 技术的操作流程及实验结果。

六、注意事项

① PCR 操作应戴手套并勤更换，同时反应要在没有 DNA 污染的干净环境中进行。

② 实验最好设置对照和空白实验。

七、思考题

① 降低退火温度对反应有何影响？

② PCR 循环次数是否越多越好？

③ PCR 技术可用于哪些方面？

实验十九　▶▶

重组质粒的构建实验

　　限制性内切酶在目的基因内部有专一的识别位点，酶切后的片段两端将产生相同的黏性末端或平末端，然后利用 DNA 连接酶将外源 DNA 片段与载体分子进行连接，最后将构建好的重组 DNA 转入感受态细胞中进行表达。能进行转化的受体细胞必须是感受态细胞，此时的受体细胞最容易接受外源 DNA 片段从而实现转化。重组质粒的构建是常用的分子生物学手段，也是研究分子生物基本的、应该被掌握的方法。

一、实验目的

　　① 验证基因工程的基本理论和聚合酶链式反应的基本原理。
　　② 熟悉重组质粒的构建并掌握利用聚合酶链式反应法获取目的基因的方法。

二、实验原理

1. 限制性核酸内切酶的酶切反应

　　为了体外构建重组 DNA 分子，首先必须了解靶基因的限制性内切酶图谱。一般选用一种或两种限制性内切酶切割外源供体 DNA，因为限制性核酸内切酶在目的基因内部有专一的识别位点，可以获得完整的目的基因。其次，要选择具有相应单限制性位点的质粒或噬菌体载体分子。常用的酶切方法有双酶切法和单酶切法两种。本实验采用单酶切法，即只用一种限制性内切酶切割目的 DNA 片段，酶切后的片段两端将产生相同的黏性末端或平末端，再选用同样的限制性内切酶处理载体。在构建重组子时，除了形成正常的重组子外，还可能出现目的 DNA 片段以相反方向插入载体分子中，或目的 DNA 串联后再插入载体分子中，甚至出现载体分子自连，重新环化的现象。单酶切法简单易行，但是后期筛选工作比较复杂。各种限制性内切酶都有其最佳反应条件，最主要的因素是反应温度和缓冲液的组成。在双酶切体系中，如果两种酶对盐离子的浓度和温度要求一致，原则上可以将这两种酶同时加入一个反应体系中同步酶切；如果不一致，则酶切反应最好分步进行，常用的酶切顺序是：先低盐后高盐，先低温后高温。

酶切与连接是两个密切相关的步骤，要达到高效率的连接，必须酶切完全，酶切的 DNA 数量要适当。另外，酶切反应的规模也取决于需要酶切的 DNA 的量，以及相应的所需酶的量。一般的，酶切 $0.2\sim1.0\mu g$ 的 DNA 分子时，反应体积为 $15\sim20\mu g$，DNA 的量越大，反应体积可按比例适当放大。酶的用量参照标准：一个标准单位酶能在指定的缓冲液系统和温度下，1h 完全酶解 $1\mu g$ 的 pBR322 DNA 分子。如果酶活性低，可以适当增加酶的用量，但是最高不能超过反应总体积的 10%。因为限制性核酸内切酶一般保存在 50% 甘油的缓冲液中，如果酶切反应体系中甘油的含量超过 5%，就会抑制酶的活性。

2. 载体与外源 DNA 的连接反应

连接反应总是紧跟酶切反应，外源 DNA 片段与载体分子连接的方法，即 DNA 分子体外重组技术，主要依赖限制性核酸内切酶和 DNA 连接酶催化。DNA 连接酶催化两双链 DNA 片段相邻的 $5'$-磷酸和 $3'$-OH 间形成磷酸二酯键。在分子克隆中最有用的 DNA 连接酶是来自 T4 噬菌体的 T4 DNA 连接酶，它可以连接黏性末端和平末端。连接反应时，载体 DNA 和外源 DNA 的摩尔数之比控制在 1:$(1\sim3)$ 之间，可以有效地解决 DNA 多拷贝插入的现象。实际操作中，反应温度介于酶作用速率和末端结合速率之间，一般是 16℃，而平末端适当提高连接反应温度。反应时间与温度有关，随温度的提高，反应速度增加，所需时间会相应减少，16℃下最常用的连接时间为 $12\sim16h$。

3. 感受态细胞的制备及质粒转化

构建好的重组 DNA 转入感受态细胞中进行表达的现象就是转化。能进行转化的受体细胞必须是感受态细胞，即受体细胞最容易接受外源 DNA 片段实现转化的生理状态，它取决于受体菌的遗传特性，同时与菌龄、外界环境等因素有关。人工转化是通过人为诱导的方法使细胞具有摄取 DNA 的能力，或人为地将 DNA 导入细胞内，该过程与细菌自身的遗传控制无关，常用热击法、电穿孔法等。能否实现质粒 DNA 的转化还与受体细胞的遗传特性有关，所用的受体细胞一般是限制修饰系统的缺陷变异株，即不含限制性内切酶和甲基化酶的突变株。

目前常用的感受态细胞制备方法有 $CaCl_2$ 法，制备好的感受态细胞可以加入最终浓度为 15% 的无菌甘油，-80℃可保存 $0.5\sim1$ 年。经过 $CaCl_2$ 处理的细胞膜通透性增加，允许外源 DNA 分子进入。在低温下，将携带有外源 DNA 片段的载体与感受态细胞混合，经过热击或电穿孔技术，使载体分子进入细胞。进入受体细胞的外源 DNA 分子通过复制、表达，使受体细胞出现新的遗传性状。将这些转化后的细胞在选择性培养基上培养，即可筛选出重组子。本实验以 E.coli-DH 5α 菌株为受体细胞，用 CaCl$_2$ 处理，使其处于感受态，然后将重组后的 pUC19 质粒在 42℃下水浴 90s，实现转化。

4. 重组子的鉴定与外源基因的表达

重组 DNA 进入宿主细胞后，必须使用各种筛选与鉴定手段区分转化子（接纳载体或重组 DNA 分子的转化细胞）与非转化子（未接纳载体或重组 DNA 分子的转化细胞）。而转化子又分为含有重组 DNA 的转化子（重组子）和仅含有空载体分子的转化子（非重组子）。重组子含有的重组 DNA 分子中有期望重组子（含有目的基因的重组子）和非期望重组子（不含有目的基因的重组子）。

三、实验材料与器具

（1）材料

大肠杆菌（*E. coli* -DH 5α）、AmpLB 培养基（含 100mg/mL 氨苄青霉素的 LB 培养基）、pUC19 质粒、酶切 10×buffer、*Hind* Ⅲ、重蒸水、λ-DNA、酶切后的 DNA（pUC19 质粒）、连接 10×buffer、T4-DNA 连接酶、甘油、0.1mol/L CaCl$_2$、琼脂糖、TAE 缓冲液（50×）、上样缓冲液（10×）、SYBR Green Ⅰ。

（2）器具

恒温振荡培养箱、高速冷冻离心机、漩涡振荡器、恒温水浴锅、EP 管、微量移液器、培养皿、三角瓶、酒精灯、量筒、接种环、涂布器、电子天平、微波炉、电泳仪、制胶槽、电泳槽、凝胶成像检测仪、琼脂糖凝胶梳子、手套等。

四、实验步骤

1. 载体与外源片段限制性酶切反应

① 在 1.5mL 的 EP 管中依次加入酶切反应的各种成分，详见表 4-2。

表 4-2　pUC19 质粒及 λDNA 酶切反应体系

试剂	pUC19(载体)/μL	λ-DNA/μL	pUC19/μL
重蒸水	13.0	66.0	37.5
10×buffer	2.0	10.0	5.0
DNA	3.5	15.0	5.0
Hind Ⅲ(1.5U/μL)	1.5	9.0	2.5
总计	20.0	100.0	50.0

体系混匀后，1000r/min 离心 1min，37℃水浴 2h。

② 电泳检测：取 10.0μL 样品，加入 2.0μL SYBR Green I，进行琼脂糖凝胶电泳检测酶切效果。

2. 载体与外源片段连接反应

在 1.5mL 的 EP 管中依次加入连接反应的各种成分，详见表 4-3。

表 4-3　连接反应体系

编号	试剂	体积/μL
1	重蒸水	3.2
2	10×连接酶缓冲液	1.0
3	pUC19DNA/$Hind$ Ⅲ	1.2
4	λ-DNA/$Hind$ Ⅲ	3.8
5	T4-DNA 连接酶	0.8

体系混匀后，1000r/min 离心 1min，16℃水浴 12～16h。

3. 感受态细胞的制备

① DH 5α 菌株在 AmpLB 平板上划线，在 37℃恒温培养 12～16h，至其长出单菌株。

② 从 AmpLB 平板上挑取单菌落，转移至 1mL AmpLB 液体培养基中（2 Ml EP），在 37℃、220r/min 的恒温振荡培养箱里培养 8h 左右。

③ 取 2 个 1mL 的空白培养基做对照，暂存于 4℃冰箱中，将 1mL 活化菌液全部转移至 100mL AmpLB 液体培养基中，在 37℃、220r/min 的恒温振荡培养箱里培养 2～3h，培养至其 OD_{600} 值约为 0.4～0.6（处于对数生长期）。

④ 将菌液分装至 10mL 管中，在 4000r/min、4℃的条件下离心 6min，离心结束后收集菌体。

⑤ 用提前预冷好的 0.1mol/L $CaCl_2$ 轻轻重悬细菌沉淀（用移液枪轻轻吹打，10 次左右），每 20mL 培养液可用 2mL $CaCl_2$ 重悬。重悬后的菌液置于冰上冰浴 60min，然后在 4000r/min、4℃的条件下离心 6min，弃上清，保留菌体沉淀。

⑥ 将上述得到的菌体沉淀加入 1mL $CaCl_2$（0.1mol/L）和 4mL 甘油的混合液，存放在 2mL EP 管中。

⑦ 将制备好的感受态细胞置于 -80℃冰箱保存备用。

4. 质粒转化

① 将上述制备好的感受态细胞分为 3 管，分别为 $50\mu L$、$50\mu L$ 和 $100\mu L$，对 3 管分别进行以下处理。

受体菌对照组：$50\mu L$ 感受态细胞。

pUC 质粒对照组：$50\mu L$ 感受态细胞＋pUC19 质粒 DNA $1.0\mu L$。

重组质粒转化组：$100\mu L$ 感受态细胞＋重组质粒 $5.0\mu L$。

② 用枪尖缓慢吹打混匀，3 管均于冰上放置 10min，在 $42℃$ 水浴 90s，然后迅速置于冰上，质粒已经吸附到感受态细胞的表面，此时不能剧烈振荡。

③ 向上述 3 管中分别加入 $450\mu L$（$50\mu L$ 管）和 $900\mu L$（$100\mu L$ 管）新鲜的 LB 培养基，混匀后，$37℃$ 摇床培养 1h，使受体菌恢复正常生长状态。

五、实验报告

① 准备记录并分析限制性酶切反应的跑胶结果。

② 拍照记录质粒转化结果。

六、注意事项

① 本实验属于微量操作，用量极少的步骤必须严格注意吸取量的准确性并确保样品全部加入反应体系中。

② 不论是酶切还是连接反应，加样的顺序应该是：先加重蒸水，其次是缓冲液和 DNA，最后加酶。且前几步要把样品加到管底的侧壁上，加完后可适当离心将其甩到管底，而酶液要在加入前从－$20℃$的冰箱取出，酶管放置冰上，取酶液时吸头应从表面吸取，防止由于插入过深而使吸头外壁沾染过多的酶液。取出的酶液应立即加入反应混合液的液面以下，并充分混匀。

③ 制备凝胶时，应避免琼脂糖溶液在微波炉里加热时间过长，否则溶液将会暴沸蒸发，影响琼脂糖浓度。制胶前需要把制胶槽擦拭干净，倒胶时要迅速并避免气泡产生。

④ 上样时要小心操作，避免损坏凝胶或将样品槽底部的凝胶刺穿。也不要快速挤出吸头内的样品，避免挤出的空气将样品冲出样品孔。

PCR 反应高度灵敏，应设法避免污染，如戴一次性手套操作，使用一次性 PCR 管和吸头，反应加样区应与 DNA 模板制备区及 PCR 产物电泳检测区分开。

七、思考题

① 在酶切和连接反应中，加样的顺序是否会影响实验的结果？试分析可能产生的影响。

② 试分析核酸染料染色的原理。

实验二十 ▶▶

蓝白斑筛选技术

蓝白斑筛选技术是重组子筛选的一种方法，一些载体带有 β-半乳糖苷酶 N 端 α 片段的编码区，该编码区中含有多克隆位点，可用于构建重组子。这种载体适用于仅编码 β-半乳糖苷酶 C 端 ω 片段的突变宿主细胞。α 片段与 ω 片段可通过 α-互补形成具有酶活性的 β-半乳糖苷酶。*lacZ* 基因在缺少近操纵基因区段的宿主细胞与带有完整近操纵基因区段的质粒之间实现了互补。而当外源 DNA 插入质粒的多克隆位点后，几乎不可避免地破坏 α 片段的编码，使得带有重组质粒的 LacZ-细菌形成白色菌落。蓝白斑筛选技术是分子生物学重要的技术手段。

一、实验目的

① 理解蓝白斑筛选的基本原理及其在基因克隆方面的应用。
② 掌握蓝白斑筛选的操作流程及关键步骤。

二、实验原理

lacZ' 是 *lacZ* 基因的突变型，编码半乳糖苷酶 N 端的 146 个氨基酸（全长 1201 氨基酸）。多克隆位点（MCS）也在这个区域内。这类载体的适合宿主细胞必须是 Z 基因突变型，只具有 Z 基因 C 端的序列。当两个 Z 基因的突变产物在一起时可产生蛋白质间的互补，称 α 互补。如 pUC 系列的载体一般采用 DH5α、JM109。因为 pUC 系列的质粒具有 *lacZ* 的 α 片段，而具有 *lacZ*△M15 基因型的 DH5α、JM109 等能表达与 α 片段互补的 ω 片段，因此当不带有外源基因的质粒 pUC 导入宿主细胞时，会具有 *lacZ* 的 β-半乳糖苷酶活性，而插入外源基因的 pUC 质粒导入宿主细胞时，则不具有 β-半乳糖苷酶活性。当将具有 α 互补的细菌培养在含 IPTG（异丙基硫代-β-D-半乳糖苷）及 X-gal（5-溴-4-氯-3-吲哚-β-D-半乳糖苷，本身无色）的培养基上时，因 β-半乳糖苷酶能将 X-gal 底物水解产生蓝色物质（被水解为无色的半乳糖及深蓝色的 5-溴-4-氯靛蓝），因此菌落为蓝色。相反，不互补则产生白色菌落。如果在 MCS 位点上插入 DNA 片段导致插入突变，则不能产生 α 互补，因此菌落是白色的。从而通过菌斑的颜色即可选择出具有插入外源基因的质粒的大肠杆菌。

三、实验试剂与器具

（1）试剂

X-gal（5-溴-4-氯-3-吲哚-β-半乳糖苷）是一种人工化学合成的半乳糖苷，可被β-半乳糖苷酶水解产生蓝色化合物。2%的 X-gal 母液（用二甲基甲酰胺配制，包以铝箔或黑纸以防止受光照被破坏，－20℃保存备用），工作浓度 $20\mu L/20mL$ 平板。

1）氨苄青霉素（Amp）

用无菌水配制成 100mg/mL 母液，置于 －20℃ 冰箱保存。工作浓度 $100\mu g/mL$。

2）IPTG

母液 100mmol/L，置于－20℃冰箱保存。工作浓度 $40\mu L/20mL$ 平板；IPTG 是异丙基硫代半乳糖苷，很强的诱导剂，不被细菌代谢而十分稳定，它可诱导 *lacZ* 的表达。

3）LB 液体培养基

1%蛋白胨，0.5%酵母提取物，1% NaCl，用 NaOH 调 pH 值到 7.2，121℃灭菌 20min 备用。固体 LB 培养基则在 LB 液体培养基中添加 1.5%～2%琼脂，灭菌后备用。

4）含 Amp 的 LB 固体培养基

将配好的 LB 固体培养基高压灭菌后冷却至 60℃左右，加入 Amp 储存液，使终浓度为 $100\ \mu g/mL$，摇匀后铺板。

（2）器具

超净工作台、恒温水浴锅、制冰机、微量移液器、恒温摇床、常温离心机、恒温生化培养箱、冰箱、培养皿、玻璃刮铲。

四、实验步骤

① 取 $4\mu L$ 连接产物并加入 $100\mu L$ 感受态细胞于 1mL EP 管中，用枪轻轻吹打均匀，冰浴 30min。（连接产物是实验十九重组质粒构建得到的。）

② 将离心管置于水浴锅中 42℃水浴 90s，立刻放置冰上 5min。

③ 加入 1mL 37℃预热的 LB 液体培养基，混匀。

④ 将管置于恒温摇床上 37℃振荡培养 1h。

⑤ 将管置于离心机中 3000r/min 离心 5min。

⑥ 弃 1mL 上清液，余下约 $100\mu L$ 上清液，用枪轻轻吹匀，用于涂板。

⑦ 在含有氨苄青霉素的 LB 平板上，加入 20μL 20mg/mL X-gal 和 40μL 100mmol/L IPTG。

⑧ 将玻璃刮铲过火灭菌后伸入培养平板中，待其冷却后均匀涂布平板，玻璃刮铲过火灭菌后置于酒精中备用，平板于室温放置 30min 备用。

⑨ 将前述所得含重组子的菌液吸至制备好的含 X-gal 的平板上，用玻璃刮铲均匀涂布。将平板置于恒温生化培养箱中正面放置 30min 后，再倒置，于 37℃ 培养过夜。

五、实验报告

准确记录蓝白斑筛选实验结果。

六、注意事项

① 用于转化的质粒 DNA 应主要是超螺旋态 DNA（cDNA）。转化效率与外源 DNA 的浓度在一定范围内呈正比，但当加入的外源 DNA 的量过多或体积过大时，转化效率就会降低。一般情况下，DNA 溶液的体积不应超过感受态细胞体积的 10%。

② 整个操作过程均应在无菌条件下进行，所用器皿如离心管、枪头等最好是新的，并经高压灭菌处理，所有的试剂都要灭菌，且注意防止被其他试剂、DNA 酶或杂 DNA 所污染，否则均会影响转化效率或杂 DNA 的转入，为以后的筛选、鉴定带来不必要的麻烦。

③ 需要将平板放入 4℃ 冰箱中 3~4h，使得显色反应充分。

④ 菌液涂平板的时候要避免来回涂布，否则过多的机械挤压涂布会导致细胞破裂，影响转化效率。

七、思考题

① 在蓝白斑筛选的过程中没有蓝斑是什么原因导致的？

② 如果加了 AMP、IPTG 和 X-Gal，长出来的白斑一定都是含有插入 DNA 片段的吗？试分析出现不同情况的原因。

第五章

环境微生物的应用

实验二十一

微生物降解纤维素实验

　　纤维素是自然界中存在的最廉价、最丰富的天然可再生资源。全世界平均每年能产生近千亿吨的纤维素类物质，但是由于纤维素中存在许多高能氢键，因此其水解利用较困难。目前只利用了其中很小的一部分，大部分的纤维素类物质都被弃置，既浪费资源，又会对环境造成极大的污染。因此，如何合理开发利用纤维素类资源，是目前摆在我们面前的一个亟待解决的问题。

一、实验目的

　　① 熟练掌握微生物无菌操作技术。

　　② 了解纤维素降解的基本理论，并掌握有关纤维素好氧和厌氧降解的基本实验技术。

二、实验原理

　　纤维素（cellulose）由 β-葡萄糖聚合而成，性质非常稳定。纤维素是光合作用的产物，约占植物组织的 50%。在自然界，每年都有大量纤维素随植物残体或有机肥料进入土壤，在通气良好的土壤中，纤维素可被细菌、放线菌和霉菌分解。纤维素降解菌首先分解纤维素物质为含有葡聚糖等结构的多聚糖类物质，而多聚糖与刚果红可以形成多聚糖刚果红复合物，此复合物不仅可以被吸附在菌丝外部，而且能够被进一步转运吸收至菌丝内部。通过进一步的降解，多聚糖被微生物分解而加以利用，而刚果红则被保留在菌丝体内，使菌落呈现红色。

三、实验材料与器具

（1）材料

绿色木霉（*Trichoderma viride*）、康宁木霉（*Trichoderma koningii*）、鲍曼不动杆菌（*Acinetobacter baumannii*）、枯草芽孢杆菌（*Bacillus subtilis*）、羧甲基纤维素钠（CMC-Na）平板培养基、LB培养基、刚果红染色剂。

（2）器具

酒精灯、载玻片、盖玻片、显微镜、滴管、试管、培养皿、锥形瓶、枪头、移液枪、涂布器、游标卡尺、恒温振荡培养箱等。

四、实验步骤

（1）对 CMC-Na 分解能力的测定

挑取分离的细菌菌落接种到 CMC-Na 平板培养基上，于 25℃ 避光培养 7d，用刚果红染色，使用游标卡尺测量并记录各菌落大小及水解圈大小。

（2）对滤纸分解能力的测定

将分离得到的具有纤维素分解能力的菌株，接入 LB 培养基中，20℃ 摇床培养 5d 后制成菌悬液。于盛有 50mL 液体培养基的 150mL 锥形瓶中放入 2cm×6cm 的滤纸条，使用移液枪接入 1mL 菌悬液，100r/min 恒温振荡培养 8d，以滤纸条的分解程度评价降解效果。

五、实验报告

1. 纤维素分解菌株对 CMC-Na 降解能力

将菌落直径和纤维素降解圈直径记录于表 5-1 中。

表 5-1　菌落直径和纤维素降解圈直径记录表

菌落号	菌落直径/mm	水解圈直径/mm	水解圈直径/菌落直径

2. 定性评价培养 8d 后对滤纸的分解情况

六、注意事项

① 挑取菌落时选择单菌落。
② 每次使用器具接触微生物后需灼烧灭菌。
③ 实验操作应当在酒精灯附近进行。

七、思考题

① 自然界中存在着大量纤维素降解菌，如果要从自然界中筛选，应当选取什么样的地点采样？为什么？
② 纤维素降解菌的应用有哪些？

实验二十二 ▶▶

淡水绿藻对重金属的吸附实验

随着经济的快速发展，大气、水、土壤中的重金属不断累积，对自然生态环境和人类的健康生活造成了显著的影响。其中重金属的污染问题已经广泛地引起了人们的担忧。重金属在自然环境中存在的种类多样，形态各异，处理方法也不一样。常见的重金属处理方法有化学法、物理法和生物法。其中生物法是借助微生物和植物的吸收、积累和富集等作用，达到去除环境中重金属的效果。藻类是一种良好的生物材料，可以有效地去除水体中的重金属，其具有来源丰富、成本低、吸附效率高的优点。通过微藻对重金属的去除对环境中重金属的生物治理具有重要意义。

一、实验目的

① 了解并掌握淡水微藻的培养方法。

② 以小球藻作为生物材料，研究在不同试验条件下对重金属 Cu^{2+} 的吸附效果。

二、实验原理

微藻细胞壁的主要成分有多糖、蛋白质和脂肪，因此细胞壁带一定量的负电荷，且有较大的表面积与黏性。研究者发现小球藻属、栅藻属等微藻细胞壁含 24%～74% 的多糖、2%～16% 的蛋白质、1%～24% 的糖醛糖酸，这些有机物为微藻细胞壁提供了大量的官能团（如—NH_2、—NHR、C＝O、—CHO、—OH、—SH 等），这些官能团能与带正电的金属离子结合。因此藻类对重金属有很强的富集能力。有研究发现，非活性海藻对 Pb、Cu、Zn、Ni、Cd、Ag 和 Hg 等都有很好的吸附能力。此外细胞膜是生物膜，具有高度选择性，微藻的结构特点决定了其可富集金属离子。

金属离子与微藻的结合能力也不同。碱性金属和碱土金属倾向于和氧结合，生成不太稳定的配合物，离子间的交换速度快。过渡金属倾向于和氧、硫、氮结合，生成稳定的配合物，具有中等的交换速度。微藻生物富集金属离子的过程可分胞外结合与沉积、胞内吸收与转化两个主要步骤，其富集途径包括物理吸附、表面沉积、被动扩散、生物吸附与主动运输。其中生物吸附为主要途径，它是指生物体从溶液中吸着金属、非金属、化合物或固体颗粒的过程，快速且与代谢无关，处于一种吸附-解吸的动态平衡；对于有生命的藻类，主动运输也是一个重要途径。影响微藻富集的因素主要有细胞壁结构、细胞代谢及环境中的物理或化学因素等。微藻生物富集的效率相当高，对一些金属离子如 Zn、Cd、Cu 和 Pb 等的富集可达几千倍，是工业污水有效的"清洁剂"。

三、实验材料与仪器

（1）材料

普通小球藻（*Chlorella vulgaris*）、BG11 培养基。

Cu^{2+} 溶液的配制：称取 159.61mg 硫酸铜药品，加入 100mL 蒸馏水中，振荡，使其充分溶解，最终得到 1mg/mL 的 Cu^{2+} 母液，按梯度稀释法稀释母液，制备反应液。标准溶液浓度分别为 0.5mg/L、1mg/L、2mg/L、3mg/L、4mg/L 和 5mg/L，在原子吸收分光光度计上测定吸光度与浓度的关系，绘制标准曲线。

（2）仪器

可见分光光度计、光学显微镜、自制藻类培养箱、火焰原子吸收分光光度计、振荡器、高速离心机。

四、实验步骤

1. 分光光度计法测定小球藻数量

打开分光光度计预热 20min，设置波长为 OD_{680}；用挡光体挡住光路，在 T 方式下按 "0％T" 调零；将参比溶液和被测溶液分别倒入比色皿中，插入比色皿架；拉伸比色皿架使参比溶液对准光路，在 A 方式下按 "100％T" 调零；拉伸比色皿架使被测溶液对准光路，读出读数。

2. 细胞计数法确定小球藻类数量

取干净的 25×16 血球计数板，用厚盖玻片盖住中央的计数室，用移液管吸取少许待测藻液于盖玻片边缘，藻液自行渗入计数室；将血球计数板置于载物台上，用低倍镜找到小方格网后换高倍镜观察计数。按照血球计数板的计数方法计算小球藻数量与吸光度之间的关系，并绘制标准曲线。

3. 小球藻吸附 Cu^{2+}

（1）时间对吸附率的影响

取一定量的微藻并加入 Cu^{2+} 溶液于 250mL 的锥形瓶中，使溶液中 Cu^{2+} 的初始浓度为 1mg/L，放在振荡器中振荡不同时间（5min、15min、30min、60min、90min 和 120min）后，取溶液 4mL 移入离心管中，放入高速离心机中以 8000r/min 转速离心 10min 后，留取上清液，用火焰原子吸收分光光度计进行上清液中 Cu^{2+} 浓度的测定，将检测结果填入表 5-2。

表 5-2   小球藻在不同吸附时间对 Cu^{2+} 的吸附作用

吸附时间/min	吸附后测定的 Cu^{2+} 浓度/(mg/L)	吸附率/%
5		
15		
30		
60		
90		
120		

按照式(5-1)计算吸附率。

$$吸附率(\%) = \frac{初始\ Cu^{2+}\ 浓度 - 上清液\ Cu^{2+}\ 浓度}{初始\ Cu^{2+}\ 浓度} \times 100\% \qquad (5-1)$$

（2）小球藻投加量对吸附率的影响

分别量取 1mg/L 的 Cu^{2+} 溶液 100mL，小球藻的投加量依次为 10^6 cell/mL、2×10^6 cell/mL、3×10^6 cell/mL、4×10^6 cell/mL 和 5×10^6 cell/mL，放在恒温振荡培养里，在（1）中得出的最佳吸附时间条件下，分别取溶液 4mL 移入离心管中，放入高速离心机中以 8000r/min 转速离心 10min 后，留取上清液，用火焰原子吸收分光光度计进行上清液中 Cu^{2+} 含量的测定，将检测结果填入表 5-3。

表 5-3   不同小球藻投加量对 Cu^{2+} 的吸附作用

Cu^{2+} 的初始浓度/(mg/L)	小球藻的投加量/(cell/mL)	吸附后测定的 Cu^{2+} 浓度/(mg/L)	吸附率/%
1.0	10^6		
1.0	2×10^6		
1.0	3×10^6		
1.0	4×10^6		
1.0	5×10^6		

（3）Cu^{2+} 投加量对吸附率的影响

分别配制不同浓度的 Cu^{2+} 溶液 100mL，浓度分别为 0.5mg/L、1mg/L、2mg/L、3mg/L、4mg/L 和 5mg/L；投加在（2）中得出的最佳小球藻投加量，放在恒温振荡培养里，在（1）中得出的最佳吸附时间条件下，分别取溶液 4mL 移入离心管中，放入高速离心机中以 8000r/min 转速离心 10min 后，留取上清液，用火焰原子吸收分光光度计进行上清液中 Cu^{2+} 含量的测定，将检测结果填入表 5-4。

表 5-4　不同初始 Cu^{2+} 投加量对小球藻吸附 Cu^{2+} 的影响

小球藻的投加量/(cell/mL)	Cu^{2+} 的初始浓度/(mg/L)	吸附后测定的 Cu^{2+} 浓度/(mg/L)	吸附率/%
4×10^6	0.5		
4×10^6	1		
4×10^6	2		
4×10^6	3		
4×10^6	4		
4×10^6	5		

五、实验报告

计算 Cu^{2+} 的吸附率，将不同条件下 Cu^{2+} 的溶液浓度及吸附率记录在上述表格中。

六、注意事项

① Cu^{2+} 是一种重金属，在实验过程中要做好自身防护，戴好防护手套和穿好实验服，避免皮肤直接接触。

② 微藻作为生物吸附材料，最好处于对数生长期，这时期的微藻具有较高的生物活性和生长繁殖能力。

七、思考题

① 评价小球藻对 Cu^{2+} 的吸附性能。微藻能否作为生物资源用于重金属的吸附？简单陈述理由。

② 简要分析微藻吸附重金属的作用机理。

实验二十三 ▶▶

微藻光合色素含量测定

　　光合色素是植物中进行光合作用的主要色素，位于类囊体膜上。叶绿素吸收的光主要是蓝紫光和红光而不是绿光，它在光合作用的光吸收中起核心作用。光合色素是微藻光合作用的基础，参与吸收、传递光能或引起原初光化学反应过程，其作用是将无机物质在自身体内通过光合作用转变为有机物。光合色素的含量是衡量微藻光合水平及生长状况的一项重要生理指标。

一、实验目的

　　① 了解光合色素的主要组分及功能。
　　② 掌握光合色素的提取及测试方法。

二、实验原理

　　光合色素是微藻进行光合作用的主要脂溶性色素，它在光合作用的光吸收中起核心作用。叶绿素 a 和叶绿素 b 都溶于乙醇、乙醚和丙酮等有机溶剂，主要吸收的光色有橙红光和蓝光。因此，这两种光对光合作用最有效。实验室中测量叶绿素的方法一般有分光光度法、荧光法和色谱法，其中应用最为广泛的是分光光度法。有机试剂可以提取叶绿体色素，并在可见光谱有吸收峰，利用分光光度计在某一特定波长下测定其吸光度，即可用公式计算出提取液中各色素的含量。

　　根据朗伯-比尔定律，某有色溶液的吸光度 A 与其中溶质浓度 C 和液层厚度 L 成正比，即：

$$A = \alpha CL$$

　　式中，α 为比例常数。当溶液浓度以百分比浓度为单位、液层厚度为 1cm 时，α 为该物质的吸光系数。各有色物质溶液在不同波长下的吸光系数可通过测定已知浓度的纯物质在不同波长下的吸光度而求得。如果溶液中有数种吸光物质，则此混合液在某一波长下的总吸光度等于各组分在相应波长下吸光度的总和，这就是吸光度的加和性。

　　已知叶绿素 a、叶绿素 b 的 80% 丙酮提取液在红光区的最大吸收峰分别为 663nm 和 645nm，且两吸收曲线相交于 652nm 处。因此测定提取液在 645nm、

663nm 和 652nm 波长下的吸光值，根据经验公式便可分别计算出叶绿素 a、叶绿素 b 和总叶绿素的含量。

已知在波长 663nm 下，叶绿素 a、叶绿素 b 在该溶液中的比吸收系数分别为 82.04 和 9.27，在波长 645nm 下分别为 16.75 和 45.60，可根据加和性原则列出以下关系式：

$$A_{663} = 82.04C_a + 9.27C_b \tag{5-2}$$

$$A_{645} = 16.75C_a + 45.60C_b \tag{5-3}$$

式中 A_{663}、A_{645}——波长 663nm 和 645nm 处测定叶绿素溶液的吸光度值；

C_a、C_b——叶绿素 a、叶绿素 b 的浓度，mg/L。

解联立式(5-2)、式(5-3) 可得以下方程：

$$C_a(\text{mg/L}) = 12.7A_{663} - 2.69A_{645} \tag{5-4}$$

$$C_b(\text{mg/L}) = 22.9A_{645} - 4.68A_{663} \tag{5-5}$$

叶绿素总量：

$$CT(\text{mg/L}) = C_a + C_b = 20.2A_{645} + 8.02A_{663} \tag{5-6}$$

叶绿素总量也可根据式(5-7) 求导：

$$A_{652} = 34.5 \times CT \tag{5-7}$$

由于 652nm 为叶绿素 a 与叶绿素 b 在红光区吸收光谱曲线的交叉点，两者有相同的比吸收系数 （均为 34.5），因此也可以在此波长下测定一次吸光度（A_{652}），求出叶绿素总量：

$$CT(\text{mg/L}) = A_{652}/34.5 \tag{5-8}$$

因此，可利用式(5-4)、式(5-5) 分别计算叶绿素 a 与叶绿素 b 含量，利用式(5-6) 或式(5-7) 可计算叶绿素总量。

叶绿素的提取有很多方法，本实验采用丙酮加热法提取小球藻中的叶绿素。丙酮加热法提取效率高、数据稳定性好，操作耗时短、简便，可推荐作为一种常用的微藻叶绿素的测量方法。

三、实验材料与仪器

（1）材料

普通小球藻、80%丙酮水溶液。

（2）仪器

离心机、水浴锅、分光光度计、枪头、离心管、温度计、移液枪、刻度试管、锡箔纸、比色皿。

四、实验步骤

用移液枪准确吸取 2mL 小球藻藻液置于 10mL 离心管中，于 8000r/min 离心 5min，用移液枪吸去上清液。藻沉淀于 2mL 80％丙酮中重悬浮，然后用锡箔纸完全包裹 10mL 离心管，并置于光线较暗处 55℃水浴放置 30min，后于 8000r/min 离心 5min，吸出上清液转移至 10mL 刻度试管中，并用 80％丙酮定容于 5mL，测定 663nm、645nm 和 652nm 处的光吸收值，测定结果按照式(5-4)、式(5-5) 和式(5-7) 计算出叶绿素 a、叶绿素 b 与总叶绿素的含量（mg/L）。

五、实验报告

在不同波长下分别测小球藻叶绿素提取液的吸光度，数据记录于表 5-5 中。

表 5-5　不同波长下小球藻叶绿素提取液的吸光度

波长/nm	663	645	652
吸光度			

对小球藻的叶绿素 a、叶绿素 b 与总叶绿素分别用式(5-3)、式(5-4) 和式(5-6) 计算并将结果记录于表 5-6。

表 5-6　小球藻叶绿素含量

叶绿素	叶绿素 a	叶绿素 b	总叶绿素
含量/(mg/L)			

根据式(5-9)，计算出小球藻溶液中各叶绿素的含量（mg/L），并将实验结果记录在表 5-7 中。

$$叶绿素含量(mg/L)＝C(mg/L)×提取液总量(L)/初始体积(L) \quad\quad (5-9)$$

表 5-7　小球藻溶液中各叶绿素的含量

叶绿素	叶绿素 a	叶绿素 b	总叶绿素
含量/(mg/L)			

六、注意事项

① 丙酮是一种易挥发且有毒的有机物，应在通风橱内完成溶液配制和加样工作。

② 三波长测定时，双通道分光光度计应该按照基线调零。

③ 丙酮加热法测定时，随着水浴加热过程温度的升高，丙酮的萃取能力得到增强，而且提取过程耗时短、操作简单，样品基本没有损失。但在实验过程中，加

热的时间与温度控制很重要，且需要采取避光措施。

七、思考题

① 试分析叶绿素在小球藻生长过程中的主要作用。

② 在丙酮加热提取小球藻叶绿素的过程中，避免温度太高和采取避光措施，试分析其中的原因。

实验二十四 ▶▶

苯酚降解菌的分离及其性能测定

苯酚（phenol）是石油化工、造纸、农业、医药合成等行业的原料或中间体，是工业废水中的主要污染物，有腐蚀性，接触后会使局部蛋白质变性。苯酚属芳香族化合物，有毒而且很难降解，含酚污水不经过处理而任意排放会污染生态环境，对生态系统造成压力。目前对苯酚污染的处理方法主要有微生物降解法、溶剂萃取法、树脂吸附法、光催化法等。微生物降解法处理苯酚不但经济、有效，且无二次污染，因而越来越受到人们的关注。目前，已鉴定具有降解苯酚能力的微生物主要有假单胞菌属（*Pseudonomonas* sp.）、芽孢杆菌属（*Bacillus* sp.）、假丝酵母属（*Candida* sp.）、红球菌属（*Rhodococcus* sp.）、不动杆菌属（*Acinetobacter* sp.）。

一、实验目的

① 掌握微生物分离纯化操作。
② 掌握用选择性培养基从环境中分离苯酚降解菌的原理和方法。
③ 掌握 4-氨基安替比林法测定苯酚含量的方法。

二、实验原理

在污染环境中，大部分微生物由于受到毒害而死亡，少数微生物具有较强的降解能力或通过诱变改变其基因型或诱导产生某些酶而能在污染的环境中存活，成为有机污染物的高效降解菌或耐性菌株。从污染环境中取样，通过在选择性培养基上培养，可筛选出目的性微生物。本实验通过采集受污染土样作为菌种的来源，在以苯酚为唯一碳源的无机盐培养基进行培养，分离苯酚降解菌。

三、实验材料与仪器

（1）材料

实验土样采自石油化工等行业场地土壤、葡萄糖、牛肉膏、蛋白胨、苯酚、四硼酸钠（$Na_2B_4O_7$）、4-氨基安替比林、过硫酸铵 $[(NH_4)_2S_2O_8]$、K_2HPO_4、KH_2PO_4、$MgSO_4$、琼脂。

（2）溶液配制

1）苯酚标准溶液

称取分析纯苯酚 1.0g，溶于蒸馏水中，稀释至 1000mL，摇匀。此溶液溶度为 1000mg/L。测定标准曲线时将苯酚浓度稀释至 100mg/L。

2）$Na_2B_4O_7$ 饱和溶液

称取 $Na_2B_4O_7$ 40g，溶于 1L 蒸馏水中，冷却后使用，此溶液的 pH 值为 10.1。

3）3% 4-氨基安替比林溶液

称取分析纯 4-氨基安替比林 3g，溶于蒸馏水中，并稀释至 100mL，置于棕色瓶中，冰箱保存，可用 2 周。

4）2% $(NH_4)_2S_2O_8$ 溶液

称取分析出 $(NH_4)_2S_2O_8$ 2g，溶于蒸馏水中，并稀释至 100mL，置于棕色瓶中，冰箱保存，可用 2 周。

5）富集培养基

蛋白胨 0.5g、K_2HPO_4 0.1g、$MgSO_4$ 0.05g、水 1000mL，调节 pH 值至 7.2～7.4，高压蒸汽灭菌，冷却后视需要添加适量的苯酚。

6）无机盐培养基

K_2HPO_4 0.6g、KH_2PO_4 0.4g、NH_4NO_3 0.5g、$MgSO_4$ 0.2g、$CaCl_2$ 0.025g，水 1000mL，调节 pH 值至 7.0～7.5，高压蒸汽灭菌，冷却后视需要添加适量的苯酚。

（3）仪器

比色皿、试管、250mL 三角瓶、100mL 容量瓶、培养皿、涂布玻棒、量筒、移液管、酒精灯、接种环、棉花、棉线、牛皮纸、pH 试纸、恒温培养箱、恒温摇床、分光光度计天平、灭菌锅。

四、实验步骤

① 从污染地区采集样品（石油化工等行业场地）。

② 采集回的样品称取 1g 于装有 100mL 无菌水的烧瓶中。

③ 配制富集培养基，接种于装有 100mL 富集培养基和玻璃珠并加有适量苯酚（50mg/L）的三角瓶中，30℃振荡培养。待菌生长后，用无菌移液管吸取 1mL 转至另一个装有 100mL 富集培养基和玻璃珠并加有适量苯酚的三角瓶中，如此连续转接 2～3 次，每次所加的苯酚量适当增加，最后可得酚降解菌占绝对优势的混合培养物。

④ 平板分离和纯化。

Ⅰ．用无菌移液管吸取经富集培养的混合液 10mL，注入 90mL 无菌水中，充分混匀，并继续稀释到适当浓度。

Ⅱ．取适当浓度的稀释菌液，加 1 滴于固体平板中央，该固体平板由富集培养基加入 2％的琼脂制成，倒平板时添加适量的苯酚，浓度达到 200mg/L。用无菌玻璃涂棒把滴加在平板上的菌液涂平，盖好皿盖，每个稀释度做 2～3 个重复。

Ⅲ．室温放置一段时间，待接种菌液被培养基吸收后，倒置于 30℃恒温箱中培养 2～3d。

Ⅳ．挑选不同菌落形态，在含适量苯酚的固体平板上划线纯化。平板倒置于 30℃恒温箱中培养 2～3d。

Ⅴ．重复多次步骤（Ⅰ）～（Ⅳ），直至得到纯化菌株。

⑤ 测定苯酚降解率。

Ⅰ．标准曲线的绘制：分别吸取 0mL、1mL、2mL、3mL、4mL 和 5mL 酚标准溶液（100mg/L）于 50mL 容量瓶中，加蒸馏水稀释成 20mL。加入 2mL pH 值为 9.8 的缓冲溶液，4mL 4％的 4-氨基安替比林溶液，摇匀后加入 4mL 8％铁氰化钾溶液，显色 10min 后，加蒸馏水稀释至刻度。用分光光度计在 460nm 波长处比色测定。

Ⅱ．以不加酚试剂的比色管做空白对照，以苯酚浓度为横坐标，以吸光值为纵坐标绘制标准曲线。

Ⅲ．培养液中苯酚降解情况的测定：吸取培养液 2mL 于 50mL 比色管中，加蒸馏水稀释成 20mL。加入 2mL pH 值为 9.8 的缓冲溶液，4mL 4％的 4-氨基安替比林溶液，摇匀后加入 4mL 8％铁氰化钾溶液，显色 10min 后，加蒸馏水稀释至刻度。用分光光度计 460nm 波长处比色测定。

Ⅳ．根据标准曲线求出苯酚含量，以分解苯酚的百分数表示酚分解作用强弱。

五、实验报告

根据吸光度计算标线苯酚含量，记录于表 5-8 中。

表 5-8　苯酚标准曲线

标线浓度/(mg/L)						
标线吸光值						

根据标线计算样品苯酚含量，记录于表 5-9 中。

表 5-9　样品吸光值及浓度记录表

样品吸光值						
样品浓度/(mg/L)						

六、注意事项

① 所有接触微生物的器具使用前都需要灭菌。

② 培养基应提前 1~2d 配置完毕，避免使用时表面存在水膜。

③ 涂布时注意涂布均匀，待菌液完全被琼脂吸收后还需正面放置约 2h 再倒置放入培养箱。

七、思考题

① 苯酚有哪些用途和危害？

② 为什么要多次重复分离纯化操作？

③ 标准曲线绘制过程中 r^2 代表什么？

实验二十五 ▶▶

固体废弃物的好氧堆肥处理

　　随着畜禽养殖业向规模化、集约化迅速发展，我国已成为世界上最大的养殖国，每年畜禽粪便产生量可达 20 亿吨。同时，我国也是农业大国，每年农业生产过程中产生的各类农作物秸秆等固体废弃物约 6.5 亿吨，这些废弃物如果能合理利用将成为大量的宝贵资源。在化肥发明以前，人们一直使用天然肥料提供植物所需的营养元素。常见的天然肥料有畜粪、禽粪、骨渣、落叶、菜叶、果皮、干草、草木灰、木屑、棉籽、庄稼残梗、海藻、糠枇果壳、各种绿肥等，这些物料在土壤中经过微生物缓慢分解会形成腐殖酸和无机物从而被作物吸收利用。堆肥是模拟自然界生产腐殖质的过程，在较短时间内，利用微生物如细菌、真菌和放线菌等将有机物腐化分解成腐殖质及无机物的过程。

一、实验目的

　　① 熟悉好氧堆肥基本原理。
　　② 掌握堆体材料配置方法。
　　③ 掌握堆肥成熟标准与判定方法。

二、实验原理

　　好氧堆肥作为一种传统处理农业固体废弃物的技术已得到广泛应用，它是在好氧条件下，利用微生物的分解作用将大分子有机物分解为小分子有机物或无机物的过程。根据温度变化和微生物生长情况，分为中温期、高温期、腐熟期 3 个时期。中温期时微生物分解易降解的有机物（如糖类、淀粉、蛋白质等），产生大量热能，堆体温度不断升高，达到 45℃左右，这一过程也称为发热阶段。随后温度继续升高，到达高温期，该时期的标志是堆体温度达到 50℃，这是有机质的分解和杀灭有害生物最有效的时期。随后进入腐熟期，该时期堆体温度回落到 40℃以下，有利于腐殖化，一些复杂的有机质与铁、钙、氮等物质相结合形成腐殖质胶体。

三、实验材料与器具

（1）材料

① 高氮物质：各种动物粪便、餐厨垃圾、屠宰下水、新鲜海藻等。

② 含碳物质：干草、植物秸秆、锯末或木屑、树皮。

③ 上海青小白菜。

（2）器具

破碎机、天平、台秤、温度计、堆肥桶、滤纸、培养皿、橡胶手套等。

四、实验步骤

① 视堆体体积大小，选取一定量的含氮物质与含碳物质，使用破碎机打碎成 2cm 左右的碎片。

② 测定堆肥原料的碳氮比（猪粪碳氮比约 15，秸秆碳氮比约 70），见《复合肥料》（GB/T 15063—2020）中规定的相关方法。

③ 视场地大小与实验条件确定堆体大小，模拟堆体推荐使用 10kg 堆体，计算堆肥原料用量，使堆体碳氮比在 25～30 之间，添加水分使堆体含水率在 60% 左右。

④ 物料用量计算方法如下。

以干猪粪和干秸秆为例：干猪粪，碳氮比为 a，用量为 x（kg）；干秸秆，碳氮比为 b，用量为 y（kg）；目标堆体质量为 c（kg），碳氮比为 d，含水率为 60%。

则有：

$$d = \frac{ax + by}{x + y} \quad x + y = (1 - 60\%)c$$

通过计算得到 y 与 x 的值：

$$y = \frac{0.4c(d - a)}{b - a} \quad x = 0.4c - y$$

每日测定堆体温度，每次测温作 3 次重复，来判断堆肥进程。

⑤ 在堆肥过程中注意翻堆曝气，以保证氧气充分供应，同时补充水分，保证含水率在 60% 左右。

⑥ 堆体重量在 10kg 左右时，约 30d 结束堆肥；堆体重量在 20kg 左右时，则约 45d 结束堆肥。

⑦ 根据温度判断堆肥时期，在各时期进行采样 50g，重复 3 次。

⑧ 测定样品碳氮比与种子发芽指数（GI）。

种子发芽指数测定法如下：

Ⅰ．取 20g 鲜样，加入 200mL 蒸馏水，振荡 20min，30℃下浸提 1 昼夜，上清液用慢速滤纸过滤，滤液待用。

Ⅱ.在9cm培养皿内铺入相应大小的滤纸一张，均匀放进20粒颗粒饱满大小接近的小白菜种子，用移液管取5.0mL堆肥浸提液于培养皿，并以蒸馏水作对照实验，每个处理做3次重复。

Ⅲ.将培养皿放置在（25±1）℃、80％湿度培养箱中培养24h。

Ⅳ.测种子发芽率和根长，并计算GI。

$$种子发芽率＝发芽种子数／总种子数$$

$$GI(\%)＝\frac{堆肥浸提液的种子发芽率×种子根长}{蒸馏水的种子发芽率×种子根长}×100\%$$

当GI＞50％时，则可认为基本腐熟；当GI达到80％～85％时，可认为堆肥已经完全腐熟，对植物没有毒性。

五、实验报告

将堆肥材料碳氮比、温度和种子发芽指数分别记录于表5-10～表5-12。

表 5-10　堆肥材料碳氮比记录表

项目	含氮物质	含碳物质
重复1		
重复2		
重复3		

表 5-11　温度记录表

时间	温度1	温度2	温度3
第1天			
第2天			
第3天			
…			
…			
…			
第30天			

表 5-12　种子发芽指数记录表

项目	重复1	重复2	重复3
第1次采样			
第2次采样			
…			
…			
…			
第n次采样			

六、注意事项

① 每日观察堆体含水情况，不足时及时补充水分。

② 高温期和腐熟期需要时常翻堆。

七、思考题

① 堆肥翻堆的作用是什么？

② 堆肥过程中为什么要补充水分？

附　录

附录 1

实验室经典的手工准备工作

随着科学技术的进步和实验条件的改善，很多手工准备的材料及实验前的准备工作都可以省去，但经典的手工准备工作在某些条件下仍有不可替代的作用，如做棉塞、包移液管和包培养皿等。实验室经典的手工准备工作常用的实验材料及用品主要有棉花、棉线、纱布、剪刀、试管、移液管、培养皿、三角烧瓶、回形针、报纸等。

1.1　做棉塞

棉塞的作用有二：一是防止杂菌污染；二是保证通气良好。因此，制作棉塞的优劣对实验的结果有很大的影响。理想的棉塞要求形状、大小、松紧与试管口或三角烧瓶口完全适合。过紧则妨碍空气流通，操作也不便，过松则达不到滤菌的目的。棉塞做好后，塞在试管或三角烧瓶上时，棉塞长度的 1/3 在试管口或三角瓶口处，2/3 在试管口或三角瓶口之内。

1.2　包移液管

取干燥的移液管，在粗头端用回形针塞一小段约 1.5 cm 长的棉花，棉花松紧适当（过紧，吹吸液太费力；过松，吹气时棉花会下滑），用火将移液管口外多余的棉花烧掉。随后，取一张长报纸条，将移液管尖端斜放于报纸条近左端，呈 45°

角，并将左端多余部分折在移液管上（增加尖端硬度），将移液管向前卷动，至移液管全被报纸条包住，将右端多余的报纸条在吸管的上端扎一小结。

1.3 包培养皿

取 6 个培养皿，其中任意 5 个顺一个方向放置（底皿向上，盖皿在下），另一培养皿向相反的方向放置（底皿向下，盖皿在上），6 个皿叠放在一起。取 8 开的报纸一张，将 6 皿横放在报纸一端的中间，用手顶着培养皿两端，把报纸翻卷在培养皿上，慢慢向前滚动，最后包扎卷纸的两头。培养皿在卷纸中不能晃动为佳。

附录 2

环境微生物实验常用培养基

2.1 牛肉膏蛋白胨培养基

牛肉膏蛋白胨培养基配方如下。

牛肉膏　5g

蛋白胨　10g

NaCl　5g

琼脂　20g

蒸馏水　1000mL

配制条件：pH 7.0～7.2，121℃高压灭菌20min。

2.2 LB培养基

LB培养基配方如下。

蛋白胨　10g

酵母膏　5g

NaCl　5g

琼脂　20g

蒸馏水　1000mL

配制条件：pH 7.0，121℃高压灭菌20min。

2.3 无机盐基础培养基

无机盐基础培养基配方如下。

$NH_4 \cdot NO_3$　0.5g

$CaCl_2 \cdot H_2O$　0.1g

K_2HPO_4　0.5g

KH_2PO_4　0.5g

葡萄糖　0.5g

MgSO$_4$·7H$_2$O   0.2g

NaCl   0.2g

蒸馏水   1000mL

配制条件：pH 7.0，121℃高压灭菌 20min。

2.4　马铃薯葡萄糖琼脂培养基

马铃薯葡萄糖琼脂培养基配方如下。

马铃薯（去皮切块）   200g

葡萄糖   20g

琼脂   20g

蒸馏水   1000mL

配制方法：将马铃薯去皮切块，加 1000mL 蒸馏水，煮沸 10～20 min。用纱布过滤，补充蒸馏水至 1000mL，加热溶化后分装，121℃高压灭菌 20 min。

2.5　高氏一号琼脂培养基

高氏一号琼脂培养基配方如下。

可溶性淀粉   20g

KNO$_3$ 1g

K$_2$HPO$_4$ 0.5g

MgSO$_4$·7H$_2$O   0.5g

琼脂   20g

蒸馏水   1000mL

配制条件：pH 7.1～7.5，121℃高压灭菌 20min。

2.6　富集培养基

富集培养基配方如下。

蛋白胨   5g

CaCl$_2$·H$_2$O   0.126g

K$_2$HPO$_4$ 1g

MgSO$_4$·7H$_2$O   0.5g

蒸馏水   1000mL

配制条件：pH 7.2～7.4，121℃高压灭菌 20min，冷却后视需要添加适量的苯酚。

2.7 营养肉汤培养基

营养肉汤培养基配方如下。

蛋白胨　10g

牛肉膏　3g

NaCl　5g

蒸馏水　1000mL

配制条件：pH 7.0～7.4，121℃高压灭菌20min。

2.8 乙醇醋酸盐培养基

乙醇醋酸盐培养基配方如下。

醋酸钠　5g

$MgCl_2 \cdot H_2O$　0.2g

NH_4Cl　0.5g

$MnSO_4$　2.5mg

$CaSO_4$　10mg

$FeSO_4$　5mg

钼酸钠　2.5mg

生物素　5μg

对氨基苯甲酸　100μg

蒸馏水　1000mL

配制条件：自然pH，121℃高压灭菌20 min，冷却后加入乙醇25mL。

2.9 淡水绿藻培养基（BG-11）

淡水绿藻母液配方及培养基配置见附表2-1。

附表 2-1　淡水绿藻母液配方及培养基配置

母液		质量	备注
母液1	柠檬酸	0.300g	定容至100mL （现配现用）
	柠檬酸铁铵	0.300g	
	EDTANa$_2$	0.050g	
母液2	NaNO$_3$	30.000g	定容至1000mL （一个月换一次）
	K$_2$HPO$_4$	0.800g	
	MgSO$_4 \cdot$7H$_2$O	1.500g	
	(MgSO$_4$)	(0.732g)	

母液		质量	备注
母液 3	$CaCl_2 \cdot 2H_2O$ ($CaCl_2$)	1.8g (1.341g)	定容至 100mL
母液 4	Na_2CO_3	2.000g	定容至 100mL
母液 5	H_3BO_4	2.860g	定容至 1000mL （一个月换一次）
	$ZnSO_4 \cdot 4H_2O$	0.222g	
	$MnCl_2 \cdot 4H_2O$	1.810g	
	$CuSO_4 \cdot 5H_2O$	0.079g	
	$Na_2MoO_4 \cdot 2H_2O$	0.390g	
	$Co(NO_3)_2 \cdot 6H_2O$	0.049g	

BG11 液体培养基配置：分别取母液 1（2mL）、母液 2（50mL）、母液 3（2mL）、母液 4（1mL）和母液 5（1mL），加入蒸馏水并定容至 1000mL，调节 pH 7.0～7.2，121℃高压灭菌 20min。

2.10 察氏培养基

察氏培养基配方如下。

硝酸钠　3g

K_2HPO_4　1g

$MgSO_4 \cdot 7H_2O$　0.5g

KCl　0.5g

$FeSO_4$　0.01mg

蔗糖　30g

琼脂　15～20g

蒸馏水　1000mL

配制条件：自然 pH，121℃高压灭菌 20 min，冷却后加入乙醇 25mL。

附录 3

▶▶

常用化学消毒液与杀菌剂

3.1 75%乙醇

75％的乙醇杀菌能力最强，它能使蛋白质脱水和变性，在 3～5 min 内杀死细胞。因此 75％的乙醇可以用于消毒和防腐，适用于皮肤、工具、设备、容器、塑料制品、房间等的消毒。然而，高浓度的乙醇（95％～100％）能引起菌体表面蛋白质凝固，形成保护层，使乙醇分子不易透过，因此杀菌能力反而减弱。

3.2 消毒净

消毒净是含二氯异氰尿酸钠和无水硫酸钠等成分的复合消毒剂，对革兰氏阳性菌和阴性菌都有杀菌作用，并且具有刺激性较小的特点，0.1％的水溶液可用于手、皮肤和黏膜的消毒，也可用于手术器具消毒。消毒净不可与合成洗涤剂或阴离子表面活性剂接触，以免失效。在水质硬度过高的地区也不可与普通肥皂配伍，使用浓度要适当提高。

3.3 来苏尔

来苏尔即煤酚皂溶液。其杀菌效力比石炭酸大 4 倍，通常 2％溶液用于手的消毒（浸泡 2 min）和无菌室内喷雾消毒，5％溶液多用于各种器材和器皿的消毒。

3.4 新洁尔灭

新洁尔灭是常用的消毒剂，主要用于皮肤、医疗器械、器皿、接种室空气等的消毒灭菌，对许多非芽孢型病原菌、革兰氏阳性菌和阴性菌杀菌效果好，经几分钟接触即灭菌，尤其对革兰氏阳性菌杀菌力更大。其原液的浓度一般为 5％，通常用 0.1％～0.25％水溶液。用新洁尔灭消毒金属器械时，要在 1000mL 溶液中加入 5g $NaNO_2$，以防生锈。

3.5 苯酚（石炭酸）

苯酚是一种有效的常用杀菌剂，1%苯酚水溶液能杀死大多数的菌体，通常用3%～5%水溶液进行接种室喷雾消毒或器皿的消毒，5%以上溶液对皮肤有刺激性。在生物制品中，加入0.5%石炭酸可作防腐剂。

3.6 漂白粉

漂白粉又称氯石灰，为$CaCl_2$和$Ca(ClO)_2$的混合物，有效氯为25%～30%。其消毒原理是$Ca(ClO)_2$与CO_2、H_2O反应生成具有强氧化性的$HClO$，能氧化原浆蛋白的活性而达到杀菌的目的，常用于饮水和排泄物的消毒。

3.7 84消毒液

84消毒液属无机氯类（$NaClO$水溶液），是一种高效、广谱、无毒、去污力强的消毒剂，能快速杀灭甲型肝炎病毒、乙型肝炎病毒、艾滋病病毒、脊髓灰质炎病毒和细菌芽孢等致病微生物。可用于衣服被褥、病人呕吐物及容器、家用物品、运输工具、垃圾等的消毒，也可用于瓜果蔬菜的消毒。

3.8 碘酒

碘酒为2%碘与1%～5% KI的酒精溶液，呈棕黄色。具有很强的杀菌和消肿作用，常用于皮肤消毒，毒虫叮咬及疖疮等皮肤感染后可以使用，但需要注意的是不能与红汞同时涂于患处。

3.9 醛类消毒剂

醛类消毒剂通过使蛋白质变性或烷基化而达到抑菌和杀菌的目的，对细菌、芽孢、真菌和病毒均有效，但是受温度影响较大，可作为杀菌剂使用。

甲醛：一种无色、有刺激性气味的气体，易溶于水。福尔马林是35%～40%的甲醛水溶液；2%～4%的甲醛水溶液，常用于器械消毒；0.1%～0.5%的甲醛溶液常用于浸泡生物标本。另外，用熏蒸法还可消毒病房和被褥等物品，但甲醛蒸气的穿透力差，消毒时消毒物品应摊开。

戊二醛：一种无色油状液体，刺激性很大、有异味和毒性，是杀菌作用最强的一种消毒剂，比甲醛大2～10倍。通常，将戊二醛配制成稀碱溶液杀菌消毒但在消毒操作时必须戴手套、口罩和护目镜，且要加盖保存，避免挥发。

3.10 过氧化氢

过氧化氢俗称双氧水，是一种无色、无臭的液体，1%的水溶液可用于口腔含漱，0.3%的水溶液可静脉注射，抢救中毒休克患者；3%的水溶液可用于清洗伤口，如创伤、溃疡和脓疱等；用10%的水溶液浸泡2h，可以消灭乙肝病毒和芽孢。

附录 4

染色液的配制

染色液配方及配制方法如下。

4.1　芽孢染色液

（1）孔雀绿染液

孔雀绿　5g

蒸馏水　100mL

（2）番红水溶液

番红　0.5g

蒸馏水　100mL

（3）苯酚品红溶液

碱性品红　11g

蒸馏水　100mL

取上述溶液 10mL 与 100mL 的 5% 苯酚溶液混合，过滤备用。

（4）黑色素水溶液

水溶性黑色素　10g

蒸馏水　100mL

称取黑色素 10g 溶于 100mL 蒸馏水中，置于沸水浴中 30 min，滤纸过滤 2 次，补充水至 100mL，加 0.5mL 甲醛，备用。

4.2　荚膜染色液

（1）黑色素水溶液

黑色素　5g

蒸馏水　100mL

福尔马林（40%）　0.5mL

将黑色素在蒸馏水中煮沸 5 min，然后加福尔马林作为防腐剂。

（2）墨汁染色液

绘画墨汁　40mL

甘油　2mL

液体石碳酸　2mL

先将墨汁用多层纱布过滤，加甘油混匀后，水浴加热，再加入石碳酸混匀，冷却后备用。

（3）甲基紫染液

取甲基紫0.5g，加到100mL生理盐水中，溶解后加入冰醋酸0.02mL。

（4）Tyler染色液

A液：结晶紫　0.1g

蒸馏水　100mL

冰醋酸　0.25mL

B液：硫酸铜　31.3g

蒸馏水　100mL

4.3　鞭毛染色液

（1）硝酸银染色液

A液：单宁酸5g，$FeCl_3$ 1.5g，蒸馏水100mL，15％甲醛2mL，NaOH（1％）1mL，现配现用。

B液：$AgNO_3$ 2g，蒸馏水100mL。

待$AgNO_3$溶解后，取出10mL备用，向其余的90mL $AgNO_3$溶液中慢慢滴入浓氨水，形成很浓厚的悬浮液，再继续滴加氨水，直到新形成的沉淀又刚刚重新溶解为止。再将备用的10mL $AgNO_3$慢慢滴入，则出现薄雾，轻摇动后薄雾状沉淀又消失，再滴入$AgNO_3$，直到摇动后仍呈现轻微而稳定的薄雾状沉淀为止。如雾不重，此染色剂可使用一周。如果雾重，则银盐沉淀出，不宜使用。

（2）费氏及康氏染色液

A液：单宁酸3.6g，$FeCl_3$ 0.75g，蒸馏水50mL，现配现用。

B液：95％乙醇10mL，碱性复红0.05g。

应用液：应用液1为A液；应用液2为取A液27mL，B液4mL，浓硫酸4mL，37％甲醛15mL形成的混合液。染色前用滤纸过滤后，取上清液备用。

参考文献

[1] 丁林贤，盛贻林，陈建荣．环境微生物学实验［M］．北京：科学出版社，2016.

[2] 高冬梅，洪波，李锋民．环境微生物实验［M］．青岛：中国海洋大学出版社，2014.

[3] 肖亦农，刘灵芝，王新．环境微生物学实验基础［M］．北京：中国建材工业出版社，2018.

[4] 周群英，王士芬．环境工程微生物学［M］．北京：高等教育出版社，2015.

[5] 陈坚，刘和，李秀芬，等．环境微生物实验技术［M］．北京：化学工业出版社，2008.

[6] 乐毅全，王士芬．环境微生物学［M］．3版．北京：化学工业出版社，2019.

[7] 任何军，张婷娣．环境微生物学［M］．北京：清华大学出版社，2015.

[8] 郑平．环境微生物学［M］．2版．杭州：浙江大学出版社，2012.

[9] 王家玲，李顺鹏，黄正．环境微生物学［M］．2版．北京：高等教育出版社，2004.

[10] 肖琳，杨柳燕，尹大强，等．环境微生物实验技术［M］．北京：中国环境出版社，2004.

[11] 王进军，于昊．基于研究性教学的环境微生物学综合性实验教学探讨［J］．绿色科技，2021，23
    （19）：212-213.

[12] 刘冬梅，倪佳鑫，江苗苗，等．小球藻对多种重金属吸附性能的研究［J］．环境科学学报，2020，40
    （10）：3710-3718.

[13] 段效辉，张群，刘鹏，等．一株发光细菌的分离鉴定及其对有毒物质的毒性响应［J］．化学与生物工
    程，2019，36（08）：16-20，26.

[14] 慕庆峰，于立红，张涛，等．油污土壤修复微生物的筛选及其影响因素［J］．水土保持通报，2018，
    38（05）：330-335，346.

[15] 李明，裴仰．未来社区有机固体废弃物能源化处理方案——有机固体废弃物好氧堆肥能量回收技术
    ［J］．中国资源综合利用，2020，38（06）：91-94.

[16] James Hockaday, Adam Harvey, Sharon Velasquez-Orta. A comparative analysis of the adsorption kinet-
    ics of Cu^{2+} and Cd^{2+} by the microalgae *Chlorella vulgaris* and *Scenedesmus obliquus*［J］．Algal Re-
    search，2022，64：102710.